BIBLIOTHÈQUE DES CONNAISSANCES UTILES

LES
MALADIES DE LA VIGNE

ET

LES MEILLEURS CÉPAGES

Français et Américains

DU MÊME AUTEUR

Nouvelle Flore du Tarn et de la Haute-Garonne sous-pyrénéenne. (2ᶜ édition). 1 volume in-12, lx-372 pages, avec 243 figures.

Ouvrage contenant : une esquisse de géographie botanique ; une es-quisse géologique ; des tableaux dichotomiques pour déterminer les plantes ; les noms latins, français et vulgaires ; les propriétés médi-cinales, pharmaceutiques, tinctoriales et industrielles des plantes ; un vocabulaire des mots techniques. . . . . 3 fr.

Les Champignons supérieurs du Tarn, avec 32 planches coloriées (ouvrage couronné). Contenant des considérations générales sur les champignons; l'organographie de ces cryptogames; la description complète de 250 espèces considérées au point de vue comestible, suspect ou vénéneux. . . . . 8 fr.

SOUS PRESSE

Les principaux Champignons comestibles et vénéneux. 1 volume in-4º, avec 8 planches coloriées, dessinées sous la direction de M. Békétoff, professeur de botanique à l'Université de Saint-Pé-tersbourg.

LYON. — IMPRIMERIE PITRAT AÎNÉ, RUE GENTIL 4

JULES BEL

OFFICIER D'ACADÉMIE

MEMBRE DE L'ACADÉMIE DES SCIENCES DE TOULOUSE
DE LA SOCIÉTÉ FRANÇAISE DE BOTANIQUE, DE LA SOCIÉTÉ MYCOLOGIQUE
DE FRANCE, ETC.

LES
MALADIES DE LA VIGNE

ET

LES MEILLEURS CÉPAGES

FRANÇAIS ET AMÉRICAINS

Avec 111 figures intercalées dans le texte

Maladies cryptogamiques de la Vigne

Accidents provoqués par les perturbations atmosphériques

Maladies causées par les Insectes

Terrains qui conviennent à la Vigne

Les meilleurs Cépages

FRANÇAIS ET AMÉRICAINS

PARIS

LIBRAIRIE J.-B. BAILLIÈRE ET FILS

Rue Hautefeuille, 19, près du boulevard Saint-Germain.

1890

PRÉFACE

Encouragé par des amis dévoués à la cause publique, nous avons essayé de résumer succinctement les principales *maladies de la Vigne*, qu'il s'agit de bien faire connaître pour les combattre efficacement, l'étude des *terrains qui lui conviennent*, enfin, les meilleurs cépages français et américains avec lesquels nous arriverons à reconstituer promptement nos vignobles si gravement compromis.

A nos études personnelles, aux remarques qui nous ont été faites par des hommes très compétents, nous avons tenu compte des résultats obtenus dans les écoles départementales de viticulture, ainsi que des essais faits chez les viticulteurs les plus éminents du midi de la France.

Grâce aux efforts persévérants de praticiens éclairés, notre viticulture est aujourd'hui en voie de progrès. En

1888, le seul département de l'Hérault vient de produire huit millions d'hectolitres de vin. Devant un pareil chiffre, les plus pessimistes sont obligés de rendre hommage à la plus-production des cépages américains ou franco-américains.

Un petit nombre de propriétaires ont bien pu, jusqu'à ce jour, conserver leurs Vignes au moyen des insecticides ou de la submersion; mais, on le sait, tous les sols ne sont pas propices à ces traitements. De plus, beaucoup de viticulteurs reculent devant les dépenses occasionnées par ces opérations. Le plus grand nombre s'est donc adonné aux Vignes américaines, cultivées directement ou greffées en vignes françaises.

Partout où l'adaptation des cépages aux différents sols a été bien comprise, les résultats ont été très satisfaisants et souvent d'abondantes récoltes ont dépassé les prévisions des plus optimistes.

On prétend que les Vignes américaines ne dureront pas longtemps; jusqu'ici rien ne confirme cette assertion. Dans le Midi, on voit déjà un grand nombre de Vignes américaines de plus de quinze ans qui ont toute leur vigueur. Non seulement elles sont encore très vigoureuses, mais leur vin gagne chaque jour en qualité. Comme nos cépages français qui donnent dans leur jeunesse un vin vert qui se modifie à mesure qu'ils avancent en âge, de même les cépages américains donnent avec le temps un vin plus fin et moins foxé.

Quand bien même ces vins n'auraient pas tout l'arome que nous trouvons dans nos vins français, il serait encore préférable de les admettre, parce qu'ils sont naturels, et délaisser ces vins étrangers dont la falsification est quelquefois si difficile à contrôler et qui nuisent si souvent à la santé publique.

En ce moment, il y a une grande tendance vers les producteurs directs. Nous ne sommes peut-être pas éloignés de l'époque où ces producteurs remplaceront tous les autres. De cette manière, la main-d'œuvre sera bien moins chère, et nous cultiverons les plants du Nouveau Monde avec autant de sécurité que jadis pour nos plants français.

Par le croisement des Vignes américaines avec nos variétés européennes, nous finirons par obtenir des hybrides très résistants qui nous donneront une production abondante avec des vins analogues aux nôtres et qui nous rappelleront ceux de nos meilleurs crus.

Mais jusqu'à cette heureuse transformation, pour le moment, le salut est dans les Vignes françaises greffées sur espèces américaines. Avec ces porte-greffes, nous aurons l'avantage inappréciable de conserver les cépages de nos grands crus; et, probablement, dans ces régions privilégiées, on greffera longtemps encore les variétés de Vignes qui font leur renommée.

Une remarque importante à faire, c'est que le greffage augmente la vigueur et la fertilité de nos variétés.

On a remarqué que les Vignes greffées produisent un vin plus coloré et plus alcoolique, et que leur maturité est plus régulière et plus précoce.

Parmi les figures intercalées dans notre texte, les unes, qui reproduisent l'aspect des principales maladies de la Vigne, sont empruntées aux savants distingués qui, dans de précieuses monographies, les ont étudiées. Les autres, destinées à représenter les principaux cépages, sont la reproduction exacte des photographies prises sur des raisins provenant des cultures de M. Marius Olive, propriétaire du vignoble de Creissaux, commune d'Aubagne (Bouches-du-Rhône). Nous sommes heureux de témoigner notre vive gratitude à l'éminent viticulteur qui a bien voulu nous offrir, avec une grâce parfaite, ses clichés et contribuer ainsi à l'illustration de notre travail.

JULES BEL.

LES MALADIES DE LA VIGNE

ET LES MEILLEURS CÉPAGES

PREMIÈRE PARTIE

LES MALADIES DE LA VIGNE

Les maladies de la Vigne se divisent en trois sortes :

1° Les maladies cryptogamiques, occasionnées par de petits champignons ;

2° Les maladies et accidents, provoqués par les perturbations atmosphériques ou par la nature des terrains ;

3° Les maladies causées par les insectes nuisibles.

CHAPITRE PREMIER

MALADIES CRYPTOGAMIQUES

ARTICLE PREMIER. — OIDIUM

§ I. — Historique

L'Oïdium, qui a si vivement préoccupé les viticulteurs, a été signalé pour la première fois, en Europe, en 1845,

Il fit son apparition en Angleterre, à Margate, près de l'embouchure de la Tamise, dans les serres à Vignes de M. Tucker. On croit qu'il a été rapporté d'Amérique.

Peu de temps après, il apparut dans les serres de M. Rothschild, à Suresne; et dès l'année 1848, on constatait sa présence dans tous les environs de Paris, principalement à Versailles.

En 1852, il avait envahi tout le vignoble français; mais dans le Bordelais, le Languedoc et la vallée du Rhône les désastres furent beaucoup plus considérables. Cette même année, il pénétrait en Autriche, en Italie, en Algérie; puis en Suisse, en Grèce, et en 1854, il avait envahi l'Europe entière.

En présence de ce fléau, une panique s'empara des viticulteurs; de riches propriétaires arrachèrent leurs Vignes pour semer en place des céréales et autres plantes appropriées à la nature des terrains. En 1850, M. Duchartre, professeur à l'Institut agronomique de Versailles, démontra par des expériences convaincantes l'efficacité de la fleur de soufre pour combattre l'Oïdium. Ce savant professeur, dans un rapport qu'il fit au Ministre de l'agriculture, fit connaître les résultats de sa découverte.

Le soufrage devint général; la culture de la Vigne fut reprise avec entrain, et aujourd'hui ce fléau n'est plus à craindre.

§ II. — Symptômes

L'Oïdium se manifeste par une efflorescence blanchâtre ou grisâtre. Ordinairement, cette cryptogame commence à se développer sur les jeunes feuilles et sur les jeunes tiges. Elle apparaît d'abord sous forme de petites taches blanches qui ne tardent pas à former des plaques qui prennent des teintes grisâtres, violacées ou bleuâtres en vieillissant.

Quand la maladie est intense, les jeunes feuilles deviennent coriaces, les jeunes rameaux noircissent et sèchent; mais c'est surtout sur les grains que sa présence est dangereuse. La peau ne tarde pas à durcir, et prend une teinte livide; les grains se crevassent et se fendent; les pépins sont souvent mis à nu et la maturité s'accomplit mal.

Lorsque la Vigne est attaquée par l'Oïdium, la récolte est fortement compromise; on n'obtient qu'un vin bien médiocre et de mauvais goût, et, si l'on n'y remédie au plus tôt, la maladie empêche l'aoûtement des sarments, et finalement la plante périt.

C'est dans les cellules épidermiques des parties herbacées que l'Oïdium puise sa nourriture; et c'est surtout après la floraison que la Vigne court les plus grands dangers; car lorsque les tiges deviennent ligneuses, les dommages sont presque insignifiants.

Quand la chaleur et l'humidité se trouvent réunies, l'Oïdium se développe très vite. Le mycélium de cette cryptogame rampe à la surface des organes et se trouve toujours à l'extérieur. Lorsque la spore se dépose sur les feuilles ou sur les jeunes rameaux, elle ne tarde pas à entrer en germination. Son mycélium se ramifie, les filaments s'entrecroisent et semblent se souder. Les filaments fructifères prennent naissance sur le mycélium. Ils sont dressés, obliques ou flexueux. Chaque fragment est une conidie ou spore qui peut se diviser elle-même en plusieurs spores. Les conidies sont cylindriques-ovoïdes, ordinairement deux fois plus longues que larges.

L'Oïdium appartient à l'ordre des Ascomycètes, au genre Erysiphe, d'où lui vient le nom d'*Erysiphe Tuckeri* qui lui a été donné par Berkeley.

§ III. — Traitement

Pour combattre efficacement l'Oïdium, il faut soufrer avec une chaleur d'au moins 25 degrés centigrades.

Au début, on ne faisait usage que de soufre sublimé ; aujourd'hui on emploie le soufre trituré et bluté, qui coûte moins cher, et qui a l'avantage de fatiguer bien moins les yeux de l'opérateur.

On donne ordinairement trois soufrages aux Vignes.

Le premier se fait au moment où les tiges ont environ 10 centimètres de longueur. Ce premier soufrage nécessite de 15 à 20 kilogrammes par hectare.

Le second se fait au moment de la floraison, et on emploie environ 50 kilogrammes par hectare.

Le troisième a lieu au mois de juillet, et nécessite environ, par hectare, 40 kilogrammes de soufre.

On peut, suivant la température, appliquer des soufrages supplémentaires avec des doses intermédiaires.

On évitera de soufrer par une trop grande chaleur, afin de ne pas faire griller le raisin.

Une remarque très importante à faire, c'est que plus une Vigne est vigoureuse, moins elle a besoin de soufrages ; souvent un seul peut suffire.

Les principaux outils employés pour le soufrage sont : le sablier, le soufflet et la hotte.

Le sablier est une espèce de cône en fer-blanc, percé de trous à sa base, que l'on remplit et qui sert à saupoudrer les feuilles et les fruits. Le sablier a l'inconvénient de dépenser une plus grande quantité de soufre et de le répandre moins régulièrement.

Le soufflet à soufrer est un soufflet ordinaire auquel on a ménagé une ouverture à la partie supérieure pour y introduire le soufre. Une fois rempli, on bouche le trou avec un bouchon. Chaque aspiration du soufflet provoque un soulèvement de poussière qui est expulsée à l'expiration. Ce soufflet est bien préférable au sablier, vu que le soufre est mieux disséminé.

La hotte à soufrer est un récipient en fer-blanc, en forme d'entonnoir, contenant de 10 à 15 kilogrammes de soufre, qu'on fixe au dos, au moyen de courroies. A la partie inférieure, l'entonnoir se prolonge par un tuyau de caoutchouc auquel aboutit un petit entonnoir surmonté d'un soufflet cylindrique. En marchant, on baisse le tuyau, et à chaque pas, on presse le soufflet, et le soufre expulsé se répand en nuage très fin sur la Vigne. Cet appareil offre l'avantage d'économiser une grande quantité de soufre.

ARTICLE II. — PÉRONOSPORA OU MILDIOU

§ I. — Historique

Un champignon parasite, qui se répandit encore plus vite que l'Oïdium, fut le *Peronospora viticola* ou *Mildew* des Américains.

En 1878, il apparaissait dans les Charentes, dans la

vallée du Rhône et dans la Guyenne. En peu d'années, il envahit toute l'Europe.

Il était connu depuis fort longtemps en Amérique, et les dégâts causés par cette cryptogame avaient été tellement considérables, qu'on avait abandonné la culture de la Vigne dans plusieurs provinces des États-Unis.

§ II. — Symptômes

Le *Péronospora* se développe, comme l'Oïdium, sur les parties vertes de la Vigne. Il apparaît sous la forme d'efflorescences blanchâtres ou grisâtres. Il attaque ordinairement la partie inférieure de la feuille. Son mycélium pénètre dans l'intérieur des tissus, les désorganise et produit ces taches connues sous le nom de *brûlures*.

Au commencement, la face supérieure des feuilles présente des taches jaunâtres, puis une teinte feuille morte, et les feuilles ne tardent guère à tomber. Cette chute prématurée des feuilles trouble profondément la végétation de la Vigne; le bois mûrit mal par défaut d'aoûtement: la plante finit par succomber.

Les raisins, ainsi dépouillés de leur ombrage, mûrissent mal ou se dessèchent, et l'on ne récolte le plus souvent qu'un vin de mauvais goût.

Le Mildiou attaque également les grains. Son mycélium pénètre dans leur intérieur et empêche quelquefois leur fructification. Quand cette cryptogame attaque les grains, elle détermine plus tard des brunissements et des durcissements de peau, par places limitées, et l'on a donné à ces taches le nom de *Rot brun*. Cette forme de la maladie, que l'on avait d'abord crue distincte du Péronospora, est connue en Amérique sous les noms de *Rot gris* ou de *Rot commun*.

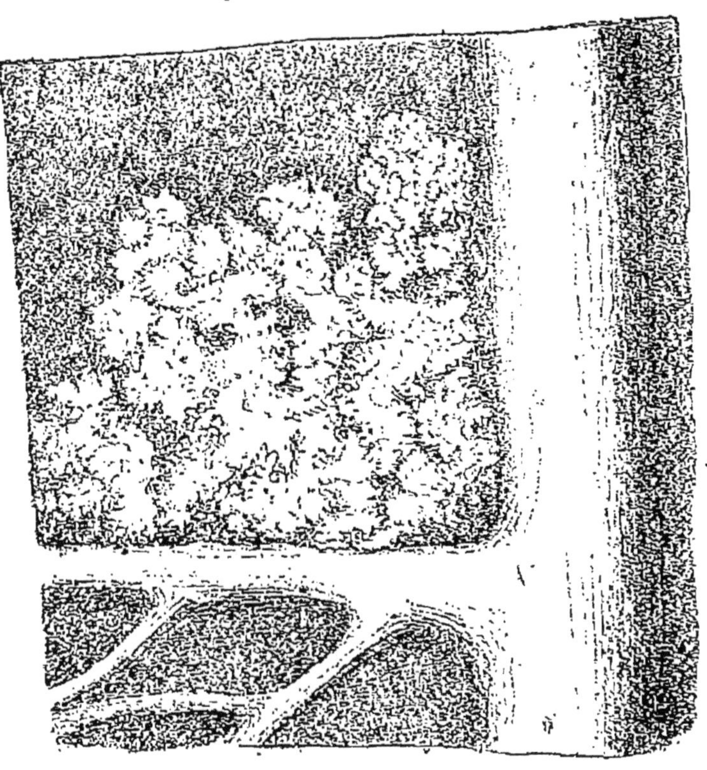

FIG. 1. — Aspect du *Peronospora viticola* sur la face inférieure d'une feuille de Vigne. Grossi 40 fois (Prillieux).

Il ne faut pas confondre le Mildiou avec l'*Erineum*, qui est la galle d'un acarien parasite[1]. Les feuilles attaquées par ce dernier sont gaufrées à la face supérieure, tandis qu'elles ne le sont jamais par le Mildiou. De plus, la feuille bullée reste toujours verte à la face supérieure.

Le *Péronospora* (fig. 1 et 2) appartient à l'ordre des

[1] Voir plus loin.

Ascomycètes, à la famille des Péronosporées, qui renferme le genre *Peronospora* et le genre *Cystopus*.

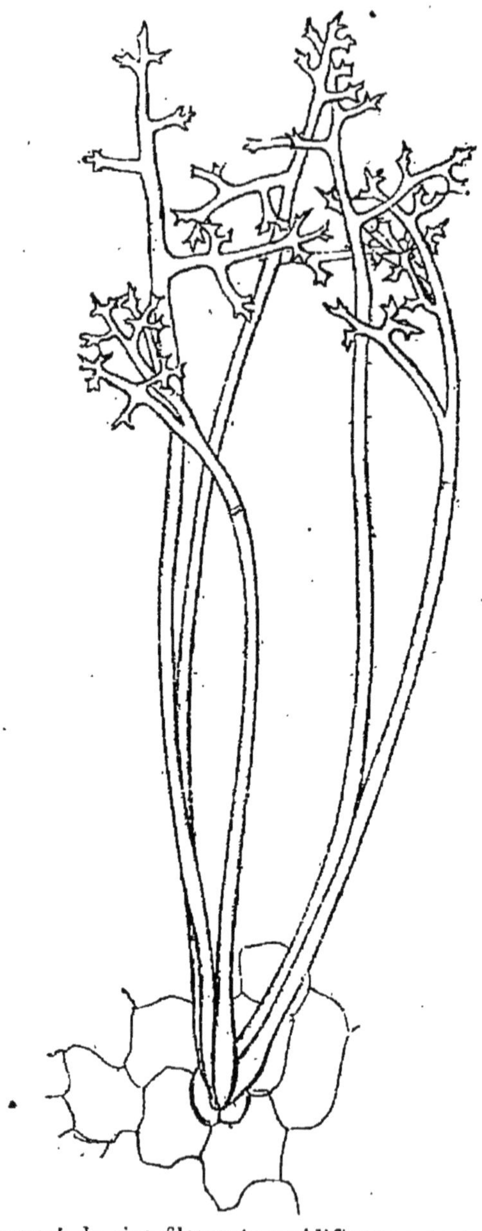

FIG. 2. — Bouquet de cinq filaments conidifères sortant par un stomate. Grossi 270 fois (Prilleux).

Le mycélium de ce champignon parasite vit dans les

tissus de la plante, absorbe au moyen de suçoirs les sucs qui lui sont nécessaires. Il rampe entre les cellules sans les traverser. Les filaments fructifères, au nombre de quatre ou cinq par stomate, se ramifient et portent des spores ou conidies ovales.

Le Mildiou est beaucoup plus redoutable que l'Oïdium; aussi les viticulteurs se sont-ils vivement préoccupés des moyens de combattre ce fléau.

Comme l'Oïdium, le *Péronospora* demande, pour se développer, une température de 25 à 30 degrés centigrades. Lorsque les conditions d'humidité sont suffisantes, on le voit d'abord apparaître dans les parties des Vignes mildiousées l'année précédente; car les feuilles enfouies ont conservé les spores dites d'hiver. Les conidies perpétuent la maladie pendant toute l'année, quand la chaleur et l'humidité réunies remplissent les conditions atmosphériques favorables. Ce sont surtout les pluies et les rosées abondantes, suivies d'une température élevée, qui provoquent l'extension de cette cryptogame.

§ III. — Traitements

Bien des moyens ont été proposés pour combattre le Mildiou.

Dès le commencement, on reconnut l'efficacité des sels de cuivre. Dans le Médoc et dans la Bourgogne, où les viticulteurs ont l'habitude de badigeonner les bordures des Vignes avec du sulfate de cuivre mélangé avec de la chaux, pour éloigner les maraudeurs, on remarqua que les Vignes ainsi aspergées conservaient bien leurs feuilles, tandis que les voisines, atteintes par le *Péronospora*, les perdaient. Il n'y avait donc qu'à user du remède qui se présentait dans un temps si propice.

Comme il semble acquis que des dissolutions à faible dose sont efficaces, c'est avec ces dissolutions que les essais ont été faits, en variant la proportion du sulfate de cuivre de 1 pour 100 à 6 pour 100.

Plusieurs appareils pulvérisateurs ou simplement asperseurs ont été composés au point de vue de la quantité du liquide strictement nécessaire à chacun d'eux pour atteindre le plus complètement possible les diverses parties des plantes de Vignes à traiter.

Parmi ces appareils, celui qui a donné les meilleurs résultats est celui de M. Noël, dont la disposition est très simple et très ingénieuse.

Cet appareil (fig. 3) a subi récemment un perfectionnement remarquable qui permet, tout en employant moins de force, d'obtenir un résultat quatre fois plus grand, et, par suite, une pulvérisation bien supérieure.

Sa construction très solide permet de l'utiliser avec tous les liquides appropriés aux traitements des maladies de la Vigne et de toutes les plantes.

Voici la manière de se servir de l'appareil : Introduire le liquide préparé par l'ouverture du haut ; visser avec force le bouchon à manettes, afin qu'il soit fermé hermétiquement ; fermer le robinet qui se trouve entre le tuyau et la lance ; donner quelques coups de balancier, et l'on pourra commencer l'opération en ouvrant le robinet. Pour entretenir la pression, il suffit de faire fonctionner le balancier qui se trouve à portée de la main gauche.

Si le pulvérisateur venait à s'obstruer, il faudrait presser avec le doigt en faisant un mouvement demi-circulaire sur la soupape par où s'échappe le liquide, l'orifice se trouverait dégagé instantanément.

Fig. 3. — Appareil de M. Noël.

Quand l'on a fini d'opérer avec de la bouillie borde-laise, il serait bon, après avoir vidé l'appareil, d'y passer un peu d'eau claire pour éviter que ce liquide (qui dépose très vite) ne forme une croûte dans l'intérieur du récipient. Pour cela, il faudrait poser l'appareil dans un baquet contenant de l'eau à peu près le quart de la hauteur du réservoir, et faire agir le balancier ; de cette manière, l'eau s'introduira par le dessous en traversant les soupapes et les conduits, et nettoiera parfaitement tout l'intérieur.

Parmi les principaux remèdes employés contre le Mildiou, nous citerons : la *bouillie bordelaise*, la *poudre Podechard* et l'*eau céleste*.

BOUILLIE BORDELAISE

Voici, d'après M. l'abbé Senderens, une manière excellente de préparer la *bouillie bordelaise* :

Sulfate de cuivre.	3 kilos.
Chaux.	1 kil. 1/2.
Eau.	100 litres.

« 1° On introduit dans une comporte en bois, et jamais dans une chaudière en fer ou en fonte, 3 kilogrammes de sulfate de cuivre grossièrement concassé sur lesquels on verse 20 litres d'eau bouillante. On remue avec un bâton et, quand le sulfate de cuivre est complètement fondu, on y ajoute 60 litres d'eau froide.

« 2° D'autre part, dans une seconde comporte, on introduit 1 kilogramme et demi de chaux grasse en pierre, que l'on arrose avec 2 litres d'eau froide. La chaux s'échauffe, se délite d'elle-même et tombe en poussière après un quart d'heure environ, sans qu'il soit besoin de la remuer. Si au bout de ce temps il reste de gros fragments de chaux à l'état pierreux, il faut remplacer ces fragments, qui ne sont que du calcaire imparfaitement cuit, par d'autres d'égale grosseur que l'on arrose d'un peu d'eau. Lorsque la chaux est réduite en poussière, on y ajoute 18 litres d'eau froide et alors seulement on remue avec un bâton pour faire un lait de chaux.

« 3° Un ouvrier verse ce lait de chaux dans la dissolution de sulfate de cuivre, en le faisant passer sur un crible destiné à retenir les grumeaux de chaux, tandis qu'un autre opérateur remue constamment la solution de sulfate de cuivre avec un bâton pour favoriser son mélange avec la chaux.

« On a ainsi la bouillie bordelaise selon la formule indiquée, bouillie qu'il faudra remuer fréquemment pour éviter le dépôt des matières pulvérulentes qui renferment tout le cuivre, le liquide n'étant par lui-même qu'un mélange de chaux et de plâtre. Pour que cette bouillie produise son maximum d'effet, il faut, je le répète, l'employer au moment voulu et la répandre en quantité suffisante. »

D'après les expériences faites par MM. Millardet et Gayon, il a été reconnu que la chaux en excès est nuisible, car l'hydrate d'oxyde de cuivre y reste à l'état insoluble et n'a aucun effet sur le parasite; le sulfate de cuivre agit seul comme antiparasitaire.

La nouvelle formule donnée par MM. Millardet et Gayon, sous le nom de *bouillie d'application générale* consiste :

Eau.	100 litres.
Sulfate de cuivre.	3 kilos.
Chaux vive.	1 kilo.

Lorsqu'on traite une Vigne après la floraison, il est très utile de rogner le sommet des sarments, parce que les jeunes pousses se couvrent de *Peronospora*, dont les spores tombent sur les parties non atteintes par la solution cuivreuse.

POUDRE PODECHARD

Cette poudre a produit d'excellents résultats dans la Bourgogne.

Pour la fabriquer, on prépare d'abord un lait de chaux dans lequel on fait entrer 5 kilogrammes de chaux avec 10 litres d'eau. Ensuite, on fait dissoudre 10 kilogrammes de sulfate de cuivre dans 20 litres d'eau bouillante. On laisse refroidir jusqu'à environ 25°; puis on mélange les deux liquides que l'on verse sur 100 kilogrammes de chaux vive que l'on fait fuser.

Cette poudre agit dans le même sens que la bouillie bordelaise.

EAU CÉLESTE

M. Audoynaud, professeur de chimie à l'École d'agriculture de Montpellier, a proposé d'asperger les Vignes avec du sulfate de cuivre ammoniacal.

Voici la manière de préparer cette liqueur :

Dans un vase en grès ou en verre, on met 1 kilogramme de sulfate de cuivre sur lequel on verse deux ou trois litres d'eau chaude. Avec une baguette de bois, on agite pour hâter la dissolution.

Lorsque le liquide est refroidi, on ajoute un litre d'ammoniaque marquant 32° Beaumé. On mélange ensuite ce liquide dans une futaille propre avec 400 litres d'eau, quantité suffisante pour le traitement d'un hectare.

On peut faire l'application au moyen du pulvérisateur Risley, construit par la maison Vermorel, à Villefranche (Rhône) (fig. 4 et 5).

FIG. 4. — Pulvérisateur Risley.

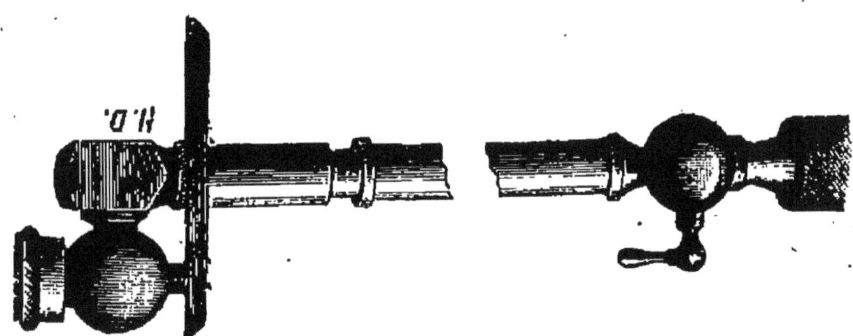

FIG. 5. — Pulvérisateur Risley.

Plusieurs viticulteurs préfèrent l'eau céleste à la bouillie bordelaise; ils donnent pour raison que ce procédé a l'avantage de fournir le cuivre à une très grande division; ce qui permet de ne l'employer qu'en de très petites quantités. De plus, il se dépose sous forme de matière colloïde qui adhère fortement aux feuilles et résiste mieux à l'action des pluies.

Il faut se rappeler que ces divers moyens pour combattre le Mildiou sont des moyens préventifs, et que, pour combattre efficacement cette cryptogame, il faut soigner la Vigne dès que le parasite fait son apparition, et opérer par un temps propice.

Bien des personnes ont prétendu que les sels de cuivre renfermaient un élément dangereux pour la santé publique. De nombreuses expériences ont démontré que le cuivre se précipitait à l'état insoluble dans les marcs du raisin et que les Vignes sulfatées ne renferment pas de quantités pondérables de ce métal.

ARTICLE III. — ANTHRACNOSE

L'Anthracnose, désignée aussi sous les noms de *charbon*, de *tacon* et de *rouille noire*, est produite par un champignon microscopique, le *Sphaceloma ampelinum*.

§ I. — Symptômes

La Vigne attaquée est couverte de taches ou pustules qui se montrent sur les jeunes rameaux, les nervures des feuilles et les raisins. Ces taches aréolées et entièrement noires sont connues sous le nom d'*Anthracnose ponctuée*, de Dunal; lorsqu'elles sont plus ou moins allongées et bordées de noir, elles sont désignées sous le nom d'*Anthracnose maculée*, de Dunal. Dans la suite, ces taches se creusent; elles déterminent le rabougrissement des sarments, le recoquillement des feuilles et arrêtent la croissance du raisin.

Cette maladie affaiblit le cep qui finit par périr au bout de deux ou trois ans.

Le mycélium du Sphaceloma vit dans l'intérieur du tissu. En déchirant la cuticule, il émet à l'extérieur des conceptacles ou corps reproducteurs. Il forme sous la cuticule des cellules brunâtres, allongées, ressemblant assez à un tissu feutré. On croit que ce sont les cellules superficielles qui forment les spores, lesquelles sont ovoïdes ou cylindriques.

Ce champignon parasite appartient à l'ordre des Ascomycètes, famille des Pyrénomycètes.

L'Anthracnose est surtout à craindre dans les années pluvieuses, parmi les Vignes situées dans des terrains très humides, où le sous-sol retient les eaux, et dans celles qui sont à proximité des eaux stagnantes.

M. Prilleux raconte que de 1835 à 1840, les Vignes des environs de Berlin et de Postdam furent cruellement attaquées par ce parasite.

§ II. — Traitements

On combat cette maladie par les moyens préventifs et par les moyens curatifs.

Comme moyen préventif, il faut éviter de planter dans les endroits qui peuvent favoriser cette maladie.

On peut remédier au terrain par l'assainissement du sol au moyen du drainage, et combattre ce fléau par le badigeonnage des souches au sulfate de fer. D'après M. Schnorf, inventeur du procédé, la dissolution doit être de 50 pour 100. On opère, en hiver, avec un gros pinceau ou mieux encore avec le pulvérisateur Risley. Le sulfate de fer détruit une grande partie des œufs d'hiver.

Les moyens curatifs consistent à arrêter le mal dès son apparition. Trois procédés ont donné d'excellents résultats : le soufre et la chaux mélangés, l'ammoniure de cuivre et le sulfate de fer.

Pour employer le premier de ces remèdes, il faut opérer lorsque les rameaux ont atteint environ 10 centimètres. On soufre avec un mélange d'un cinquième de chaux, en allant progressivement jusqu'à trois cinquièmes de cette substance. On répète les opérations de quinze en quinze jours, de manière à atténuer les effets de la maladie.

Quand celle-ci se manifeste avec une grande intensité, on complète le traitement par le badigeonnage d'hiver au sulfate de fer.

Le second procédé est l'ammoniure de cuivre. Il a été indiqué et mis en pratique par un savant viticulteur bordelais, M. Bellot des Minières.

Pour l'obtenir, on verse à l'air de l'ammoniaque sur de la tournure de cuivre. On répète deux ou trois fois l'opération jusqu'à ce que le liquide soit d'un beau bleu. Il faut de 1 à 3 kilogrammes de ce liquide pour 100 litres d'eau. La quantité à employer varie de 1500 à 2000 litres par hectare.

Ce remède coûte beaucoup plus cher que l'eau céleste, mais on ne l'emploie que dans les cas très urgents. Pour opérer, on peut se servir d'un balai de bruyère ou, ce qui est préférable, du pulvérisateur Risley qui répand la liqueur sous forme de brouillard, et avec beaucoup moins de liquide, on atteint toutes les parties de la Vigne. Ce remède employé par M. Bellot des Minières, contre le Mildiou, a donné d'excellents résultats contre l'Anthracnose.

Pour le sulfate de fer, voici la manière d'opérer. Dès que la maladie paraît, il faut mêler au soufre du sulfate de fer en poudre, et asperger la plante d'une dissolution fraîche de sulfate de fer, à raison d'environ 50 grammes par litre d'eau.

Pendant l'hiver, on fera bien de badigeonner les ceps avec de l'acide sulfurique étendu d'eau, 1 kilogramme pour 10 litres d'eau. On verse dans un récipient une bonne partie de l'eau, puis on ajoute l'acide sulfurique et on agite doucement le liquide en versant le reste de l'eau. Le mélange s'échauffe, mais on attend environ deux heures avant de l'employer. On verse le liquide dans un vase de terre vernissée, et on l'étend sur les souches au moyen d'un gros pinceau. Il faut que le pinceau soit monté en fil de fer goudronné ou recouvert de plomb.

L'emploi de ce liquide exige beaucoup de précautions, car l'acide sulfurique attaque la peau.

Ce badigeonnage détruit parfaitement les spores de l'Anthracnose.

ARTICLE IV. — BLACK-ROT

§ I. — Historique

Le *Black-rot*, dont le nom signifie *pourriture noire*, est produit par un champignon microscopique appelé *Phoma uvicola* Curt.

Cette maladie est connue depuis fort longtemps aux États-Unis. En 1848, elle causa de grands ravages au sud de l'Ohio. Elle ne fit son apparition en France qu'en 1885. Elle a été découverte à Ganges, par M. Ricard, en août 1885, et étudiée par MM. P. Viala et Ravaz, à l'École d'agriculture de Montpellier.

Heureusement, ce fléau n'a pas encore pris une grande extension.

§ II. Symptômes

Cette cryptogame ne se développe que sur les parties vertes de la Vigne et sur les grains; mais lorsque ceux-ci sont attaqués, ils ne tardent pas à se flétrir et à se dessécher. Dans l'espace de quelques jours, le fruit est perdu.

La maladie s'annonce par une tache circulaire décolorée. Elle passe brusquement à une teinte rougeâtre ou livide, plus foncée au centre. La pulpe du grain devient spongieuse, comme pourrie; puis le grain se ride, la peau se colle contre les pépins, et on aperçoit de petites proéminences noires sous formes de pustules. C'est alors qu'on reconnaît les deux sortes d'organes du champignon parasite, cause du Black-rot.

Le mycélium du Black-rot puise sa nourriture dans l'intérieur du tissu. D'abord incolore ou blanchâtre, il ne tarde pas à brunir. Il produit des conceptacles renfermant des asques avec spores ovoïdes ou globuleuses dans leur intérieur.

Le nom de *Phoma uvicola* n'appartient qu'à des formes secondaires.

La plupart des botanistes classent cette cryptogame dans l'ordre des Ascomycètes, famille des Sphériacées.

§ III. — Traitement

Plusieurs expériences, faites récemment, confirme-
raient l'efficacité de la bouillie bordelaise contre le
Black-rot ; mais avant de nous prononcer sur ce point, il
est nécessaire de recourir à de nouvelles expériences.

ARTICLE V. — CONIOTHYRIUM OU ROT-BLANC

Le *Coniothyrium diplodiella* a beaucoup d'analogie
avec le Black-rot. On lui a donné le nom de *Rot livide*
ou *Rot blanc* par opposition à ce dernier qui a une teinte
noire.

§ I. — Symptômes

Cette maladie attaque les pédicelles des grains, les
rameaux de la grappe ou le pédicule tout entier. Ces
parties prennent une teinte livide, pourrissent, et des
parties de grappes ou des grappes entières tombent à
terre. Les grains prennent une teinte grisâtre, deviennent flasques, se rident et se creusent au sommet.

La pulpe du raisin contracte une odeur de moisi.

Très souvent, la grappe sèche sur le cep, et pend ainsi
assez longtemps avant de tomber.

§ II. — Traitement

On arrivera probablement à combattre cette maladie
avec les sels de cuivre.

ARTICLE VI. — POURRIDIÉ

§ I. — Symptômes

Le Pourridié est dû au développement, sur les racines, du mycélium de plusieurs espèces de champignons, principalement du *Dematophora necatrix* Hartig et de l'*Agaricus melleus* L.

Cette maladie, connue depuis fort longtemps, sous le nom de *Blanc des racines*, n'est pas spéciale à la Vigne ; elle attaque également les arbres fruitiers et forestiers.

Quand les filaments mycéliens de ces champignons attaquent la Vigne, on ne tarde pas à voir des signes d'affaiblissement. Les feuilles deviennent plus petites, puis jaunissent ; elles sont plus profondément incisées ; les rameaux se rabougrissent et sèchent en partie ; la souche forme une tête très ramifiée ; l'écorce se sépare du collet ; les racines se décomposent et la plante ne tarde pas à périr.

Les racines des Vignes atteintes sont entourées de filaments floconneux, puis grisâtres et enfin bruns.

On a remarqué que cette maladie fait de plus grands ravages dans les lieux très humides, les terres argileuses ou marneuses où le sous-sol est imperméable.

§ II. — Traitement

Puisque la trop grande humidité favorise le Pourridié, et qu'il est très difficile d'en débarrasser les pieds atteints, le vrai moyen de s'en rendre maître consistera donc dans l'amélioration du sol. Par de bons défoncements, des drainages bien organisés, on arrêtera certainement la marche du mal.

Lorsque la partie attaquée sera peu considérable, on pourra arracher soigneusement les souches atteintes, que l'on brûlera, et on établira un cordon sanitaire en creusant un fossé autour de la partie infestée en rejetant la terre à l'intérieur.

Ce procédé appliqué aux arbres forestiers a donné les meilleurs résultats.

ARTICLE VII. — MÉLANOSE

M. Planchon a donné le nom de *Mélanose* à une maladie occasionnée par un champignon différent de ceux dont nous avons parlé : le *Leptoria ampelida*, qui est classé dans les Pyrénomycètes-Ascomycètes, dans le groupe des Sphériacées.

Ce champignon microscopique n'attaque que le parenchyme de quelques cépages américains. La maladie se présente sous forme de petites taches fauves qui finissent par former des plaques brunâtres ou roussâtres sur les deux faces de la feuille.

Jusqu'ici, les dégâts occasionnés par la Mélanose ont été insignifiants.

La cryptogame n'attaque d'ailleurs qu'une partie des feuilles. Le résultat est que les feuilles tombent un peu plus tôt que celles des Vignes non atteintes, et cette chute pourrait quelquefois nuire au parfait aoûtement des sarments.

Le mycélium de ce champignon vit dans l'intérieur du tissu de la feuille. Il est divisé par cloisons légèrement granuleuses qui rampent entre les cellules et ne les traversent que rarement. La pycnide est de forme ovoïde, d'abord fermée. Lorsque les cellules la forcent de s'ouvrir, les spores s'échappent à l'extérieur sous forme de fuseau ou de faux.

ARTICLE VIII. — COTTIS

§ I. — Symptômes

Le Cottis est occasionné par de petits champignons qui couvrent les racines.

Lorsque la Vigne est atteinte du Cottis, ses pampres deviennent grêles, nombreux et restent courts. Les feuilles sont plus petites, profondément découpées; elles ne tardent pas à se recoquiller et à jaunir.

La maladie se propage rapidement et, en deux ou trois ans, les ceps atteints sont morts.

§ II. — Traitement

On combat cette maladie par des engrais liquides, tels que purin et guano étendus d'eau, et par l'arrosage au sulfate de fer à raison de 1 kilogramme par hectolitre d'eau.

CHAPITRE II

MALADIES CAUSÉES PAR LES INSECTES

ARTICLE PREMIER. — HANNETON

§ I. — Description

Le Hanneton *(Melolontha vulgaris)* (fig. 6 à 12) est un coléoptère appartenant à la famille des *Scarabéides*. Il est d'une coloration générale brunâtre, cho-

Fig. 6. — Larve âgée d'un an.

Fig. 7. — Œufs.

Fig. 8. — Larve âgée de trois ans.

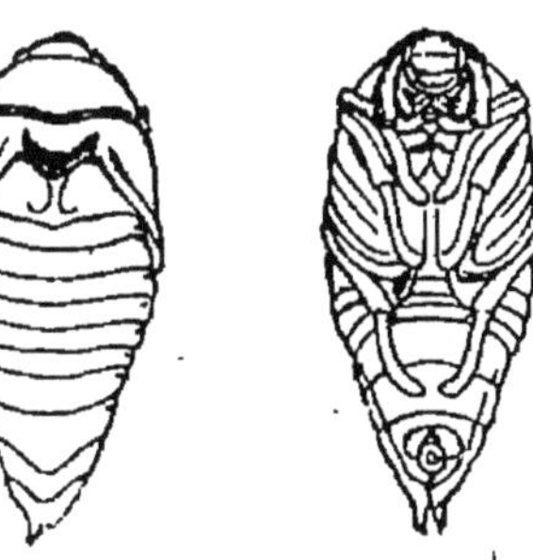

Fig. 9. — Nymphe vue en dessus.

Fig. 10. — Nymphe vue en dessous.

colat ; les antennes sont surmontées d'une massue ; sur les côtés de l'abdomen, on remarque des taches triangulaires blanches. L'extrémité de l'abdomen se prolonge en une pointe. Longueur, 27 millimètres (fig. 11).

La *larve* ou *Ver blanc* (fig. 6 à 10), quand elle a atteint toute sa croissance, est blanche, arquée, plissée; sa tête est jaunâtre et la bouche est armée de fortes mandibules. Le dernier anneau de l'abdomen est plus gros que les autres, de couleur noirâtre, à cause des excréments vus par transparence. Les six pattes sont jaunâtres. Longueur, 45 millimètres.

Fig. 11. — Le Hanneton commun.

§ II. — Mœurs, dégâts [1]

C'est fin d'avril, commencement de mai, que l'on voit paraître les insectes parfaits. Cette apparition coïncide avec les premiers jours un peu chauds. Alors ils gagnent les branches des arbres, s'y accouplent, rongent les feuilles avec avidité. C'est surtout le soir qu'ils volent de tous côtés. Quand la femelle a été fécondée, elle s'enfonce dans la terre et y dépose ses œufs à environ 10 centimètres de profondeur. Ces œufs, dont le nombre

[1] Nous avons utilisé pour la rédaction de cet article l'excellent livre de M. le Dr P. Brocchi, *Traité de zoologie agricole*. Paris, 1886.

varie de douze à trente, sont blanc jaunâtre, de la grosseur d'un grain de chènevis. Cette tâche accomplie,
elle ne tarde pas à mourir, suivant de près le mâle qui
a succombé après l'accouplement.

Au bout d'un mois, les œufs éclosent, et alors apparaissent les larves qui commencent à ronger les petites
racines se trouvant à leur portée. Elles grandissent peu
à peu, arrivant, au mois de septembre, à une longueur
d'environ 20 millimètres. A cette époque, elles s'enfoncent profondément dans la terre, pour se défendre
contre le froid, et là, tombant dans une sorte de sommeil
hivernal, elles s'engourdissent et ne prennent plus de
nourriture.

Quand reviennent les beaux jours, ces larves se
réveillent et remontent près de la surface du sol. Jusqu'alors elles étaient restées groupées, mais à cette
époque, elles se séparent; chacune d'elles, creuse une
galerie, dévorant sur son passage les racines qui se
trouvent à sa portée. Elles errent ainsi pendant la belle
saison, causant les plus sérieux dommages. A l'automne,
elles s'enfoncent de nouveau dans la terre, et hivernent
pour la seconde fois, puis se réveillent au printemps de
l'année suivante. Au bout de trois ans, elles ont atteint
toute leur croissance; c'est à l'automne qu'elles se
creusent une petite cellule et se transforment en nymphes. Puis au printemps suivant, l'insecte parfait sort
de terre et s'envole sur les arbres.

Il résulte de ce qui précède qu'une larve née en 1889
apparaîtra à l'état d'insecte parfait en 1892, soit trois
années après sa naissance.

Les Hannetons sont communs en France, mais cepen -

dant on peut dire qu'ils sont rares sur certains points. Il y a, en effet, une relation directe entre le nombre des Hannetons dans une région et la nature du sol. Là où la terre est argileuse, compacte, les femelles trouveront difficilement un endroit propre au dépôt de leurs œufs, les larves auraient d'ailleurs une difficulté assez grande à se mouvoir dans cette sorte de terrain. Si, au contraire, la terre est meuble, facile à remuer, les Hannetons y viendront pondre en grandes quantités.

Sur certains coteaux des environs de Paris, ceux de Meudon, de Sèvres, par exemple, les Hannetons sont relativement rares ; ils abondent, au contraire, du côté du bois de Verrières, de Sceaux, etc. Plus un terrain est cultivé, plus il devient propre à la multiplication des Hannetons. L'agriculteur, en labourant et en hersant les terres, favorise le développement de ces coléoptères.

Quoi qu'il en soit, les Hannetons arrivent à causer des dégâts dont il est difficile de s'imaginer l'importance.

En ce qui concerne la grande culture, on a constaté officiellement qu'en 1866 cent soixante et une communes du département de la Seine-Inférieure subirent une perte totale de 2.638.702 francs, du fait de ces insectes. M. Reiset estime que dans son exploitation, comprenant une étendue de 100 hectares, il a perdu 10.700 francs, par suite des dégâts de larves de Hannetons.

Enfin M. Kunckel d'Herculais cite, dans Brehm [1], le fait suivant :

D'après les calculs de M. Reiset, on trouvait vingt-trois Vers blancs par mètre superficiel, soit deux cent-trente mille par hectare.

---

[1] Kunckel, *in* Brehm, *Merveilles de la nature, les Insectes*, t. I.

En 1864 et 1865, dans l'arrondissement de Saint-Quentin, les plantations de betteraves furent dévastées, et en 1868 la perte sur 10.000 hectares fut estimée à cent soixante millions (160.000.000) de kilogrammes de racines.

Les forestiers n'ont pas moins à se plaindre du Hanneton. Ratzeburg le considérait comme le plus terrible destructeur des cultures, des jeunes plants.

Le directeur de la pépinière forestière de Versailles comptait que, de 1861 à 1862, la perte matérielle de cette pépinière avait été de plus d'un million de plants de toute nature.

Les jardiniers, les horticulteurs font entendre les mêmes plaintes. Chez l'un d'eux, les Vers blancs détruisaient, en une seule année, cinquante mille plants de rosiers greffés [1].

Des vignerons ont eu également leurs vignes dévastées.

On comprend donc que, devant les dégâts si considérables causés par l'insecte, soit sous sa forme parfaite, soit surtout à l'état de larve, on ait cherché les moyens de le détruire. Ces moyens sont nombreux, sinon efficaces, et nous en indiquerons ici quelques-uns.

§ III. — Moyens de destruction

1° *Substances insecticides employées contre les larves.* — On a indiqué un certain nombre de ces substances comme pouvant rendre de réels services. La naphtaline a été surtout préconisée. On doit en verser environ 250 grammes par mètre, sur labour de 20 à

[1] Vibert, *Du Ver blanc*, Paris, 1827.

25 centimètres. Des expériences ont été faites sur une étendue de 2 hectares 50 ares : on employa 2.000 kilogrammes de naphtaline par hectare, et les larves furent toutes atteintes. Ce procédé ne laisserait pas que d'être assez coûteux pour les grandes cultures. M. Héricart de Thury a proposé [1] l'emploi des terres noires lignito-pyriteuses, ou des cendres et terres vitrioliques mélangées avec la terre ordinaire. M. Vibert a conseillé des arrosages avec de l'eau de chaux, etc.

2° *Cueillette des larves*. — M. Reiset avait obtenu de bons résultats par ce procédé. Il faisait labourer la pièce de terre attaquée, et deux femmes suivant la charrue ramassaient, dans 1 hectare 40 ares de terre : au premier labour 170 kilogrammes, au deuxième labour 111 kilogrammes, et au troisième labour 63 kilogrammes de Vers blancs, soit un total de 314 kilogrammes. La dépense ne s'éleva qu'à 11 fr. 80.

3° *Cueillette des insectes parfaits*. — Les Hannetons sont très faciles à prendre ; il suffit de secouer les arbres pour les faire tomber. C'est là sans doute le procédé le plus efficace, à condition qu'il soit employé sur une grande échelle. En 1868, un industriel de l'Oise offrit une prime de 20 centimes par kilogramme de Hannetons adultes. On lui livra en peu de jours 3539 kilogrammes d'insectes, soit environ quatre millions vingt-six mille huit cents Hannetons qui furent ainsi détruits, avec une dépense de 707 fr. 80.

A la même époque, le conservateur du bois de Vincennes fit chasser le Hanneton par des femmes, des

---

[1] Héricart de Thury, *De la destruction des larves ou Mans*, etc. Paris, 1849.

enfants, etc. On payait de 1 franc à 1 fr. 50 le décalitre d'insectes ; douze millions de Hannetons furent ainsi détruits.

C'est là certainement, nous le répétons, le procédé le plus efficace. On peut d'ailleurs se servir de divers moyens pour récolter les insectes.

Dans les jardins maraîchers, on plante souvent au printemps, à l'époque où les larves remontent vers la surface, quelques centaines de pieds de salades. Les Vers blancs sont attirés par ces racines tendres, et, quand ils sont groupés ainsi, on en peut détruire un grand nombre.

Les volailles sont très friandes de Hannetons ; mais on prétend que leur chair prend un mauvais goût lorsqu'elles en mangent beaucoup.

ARTICLE II. — CHARANÇONS

§ I. — Description

Les Charançons forment une grande famille de Coléoptères facilement reconnaissables à leur tête prolongée en bec effilé.

Le Charançon ou Cigarière *(Rhynchites Betuleti)* est l'un des plus nuisibles à la Vigne. C'est un joli insecte vert doré.

§ II. — Mœurs et dégâts

Cet insecte coupe à moitié le pétiole de la feuille pour la faire flétrir et la rouler ensuite en forme de cigare pour y déposer ses œufs. Assez souvent, il coupe le pédoncule de la grappe et les jeunes bourgeons.

Il est nocturne et se cache pendant le jour.

Une quinzaine de jours après la ponte, il en sort des larves qui, plus tard, vont en terre pour se métamorphoser.

§ III. — Moyens de destruction

Dès qu'on s'aperçoit de la présence de cet insecte, il faut s'empresser de le détruire.

On enlève les feuilles roulées pour les brûler.

Comme l'insecte hiverne sous l'écorce soulevée de la Vigne et des autres arbres, on le détruira facilement par le décorticage et les badigeonnages.

ARTICLE III — CHRYSOMÈLE ROUGE A CORSELET NOIR

§ I. — Description

La Chrysomèle rouge *(Chrysomela nitida)* est très commune. On la reconnaît facilement à son corselet noir et à ses élytres rouges.

§ II. — Mœurs

Cet insecte attaque indifféremment un grand nombre de plantes, et se jette assez souvent sur la Vigne dont il dévore les feuilles.

§ III. — Moyen de destruction

On combat cet insecte par les badigeonnages d'hiver.

ARTICLE IV — CHRYSOMÈLE DE L'ORME

§ I. — Description

C'est au même genre qu'appartient la Chrysomèle de l'orme *(Chrysomela calmarientis* Linné) (fig. 12 à 14).

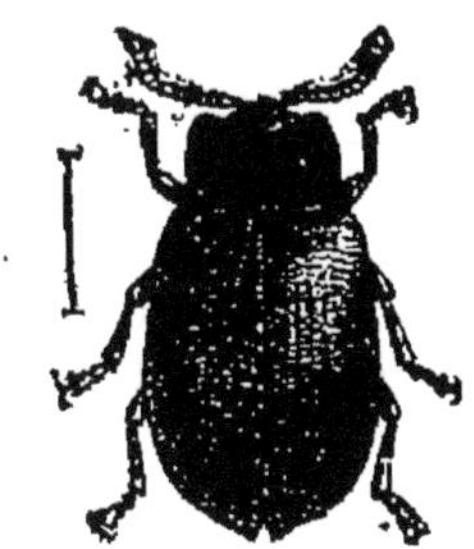

FIG. 12. — Chrysomèle de l'Orme.

FIG. 13. — Larve.

FIG 14. — Nymphe.

§ II. — Mœurs et dégâts

La larve et l'insecte parfait dévorent les feuilles de l'orme. Ces insectes sont quelquefois si nombreux sur cet arbre qu'il arrive assez souvent d'en voir sans la moindre feuille.

§ III. — Moyen de destruction

On détruit les Chrysomèles au moyen des fumigations sulfureuses.

ARTICLE V. — GRIBOURI OU EUMOLPE DE LA VIGNE

§ I. Description

Le Gribouri *(Eumolpus vitis, Adoxus vitis* Kirby)

est appelé aussi *Écrivain*, *Eumolpe*, *Coupé-bourgeon*, *Berdin* et *Vendangeur*.

Sa larve a le corps à peu près ovale, d'une couleur blanchâtre ou sombre ; elle est munie de six pattes et sa tête porte deux mâchoires.

§ II. — Mœurs et dégâts

C'est un des plus grands ennemis de la Vigne, c'est un coléoptère voisin des Chrysomèles. Sa longueur varie de quatre à cinq millimètres. Il a les antennes jaunes, à base noire, ainsi que le corselet ; les élytres, brun ferrugineux et marqués de petits points noirs.

L'insecte parfait pond ses œufs au pied des ceps, et les larves vivent en terre. On a cru longtemps que ces larves vivaient sur les feuilles qu'elles rongeaient ; il semble démontré maintenant qu'elles s'attaquent aux racines de la Vigne et peuvent ainsi causer des dégâts fort sérieux. L'insecte parfait ronge les feuilles, et les bourgeons ; il les découpe et forme ainsi des trous dont l'assemblage rappelle une écriture cunéiforme ou hiéroglyphique. C'est à cette particularité qu'il doit son nom d'*Écrivain*.

La larve n'épargne pas même le raisin, et s'y enferme au moment de la maturité.

§ III. — Moyens de destruction

Il faut rechercher et détruire l'insecte parfait. On peut pour cela se servir de l'appareil dit *entonnoir*. C'est, en effet, un entonnoir en fer-blanc, échancré sur un de ses bords, comme un plat à barbe. Le tube qui le ter-

mine est assez court et on y attache un petit sac en toile.
On se rend de très bonne heure dans les Vignes, et, plaçant la partie échancrée autour du cep, on imprime un
brusque mouvement à ce dernier. Les insectes se laissent tomber et glissent de l'entonnoir dans le sac.

ARTICLE VI. — ALTISE DE LA VIGNE

§ I. — Description

Cette Altise *(Altica oleracea* ou *Altica ampelophaga*
Guer.) est ovale, convexe, entièrement bleue ou bleu
verdâtre, avec les antennes noires. Longueur, 4 ou 5 millimètres.

§ II. — Mœurs et dégâts

Cet insecte paraît dès le commencement de la végétation.

Il s'attaque aux jeunes pousses de la Vigne, aux
bourgeons, qu'il ronge avec avidité.

C'est surtout dans nos départements méridionaux que
l'on a eu à se plaindre des Altises de la Vigne. Là, elles
semblent avoir trois générations par an.

Cette Altise dévore le parenchyme des feuilles aussi
bien à l'état d'insecte parfait qu'à l'état de larve.

Elle dépose ses œufs sous les feuilles, et les larves
vont se métamorphoser sous terre.

§ III. — Moyens de destruction

Pour atténuer les ravages de l'Altise, on lui fait la
chasse avec un large entonnoir auquel on a adapté un

sac de toile. On met l'instrument au-dessous des pampres que l'on secoue, et l'insecte tombe dans le sac.

ARTICLE VII. — GRAND RONGEUR DE LA VIGNE

§ I. — Description

Ce coléoptère *(Apate sex-denta)*, de la famille des *Bostrichides*, a la tête petite, noire, avec des antennes fauves, plus longues que la tête, en massues. Le corselet est noir, les élytres sont d'un brun rougeâtre, et sont ornés de côtes parallèles. Leur extrémité est tronquée et armée de six dents. Long. 4 millimètres.

§ II. — Mœurs et dégâts

La femelle pénètre dans l'intérieur d'un cep par un bourgeon et y pratique une galerie circulaire. Dans cette galerie a lieu l'accouplement, puis la femelle s'enfonce dans le sarment, et, dans cette nouvelle galerie, elle dépose des œufs blancs, elliptiques. Les larves creusent à leur tour des galeries, et le cep est assez rapidement détruit. Cet insecte n'a été signalé que dans le midi de la France.

§ III. — Moyens de destruction

Quand un cep de Vigne est ainsi attaqué, on doit l'arracher immédiatement et le brûler.

Une espèce voisine *(Apate sinuata)* a été également signalée dans les vignobles méridionaux ; ses mœurs sont, à peu de chose près, semblables à celles de l'espèce précédente.

ARTICLE VIII. — CRIQUET VOYAGEUR

§ I. — Description

Le Criquet voyageur *(Acridium migratorium*, Oliv.)

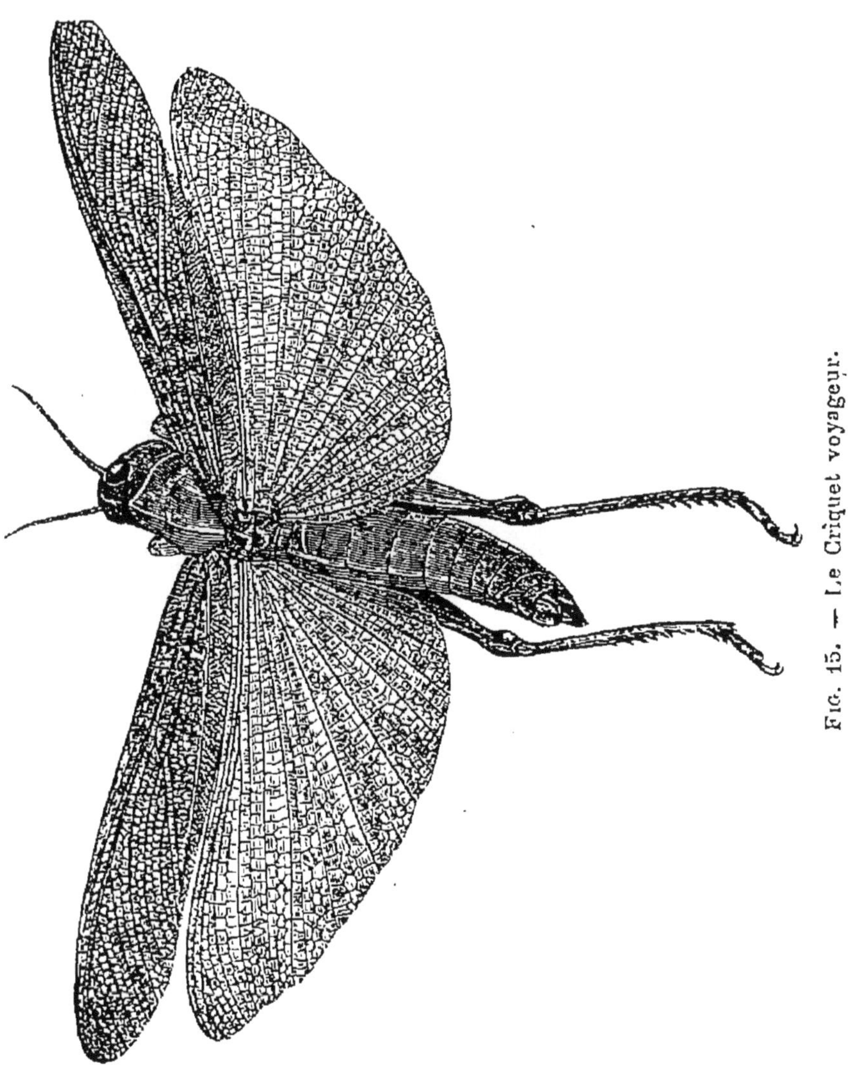

Fig. 15. — Le Criquet voyageur.

(fig. 15) présente tous les caractères de la famille des Acridides ; ses antennes sont relativement courtes, sa tête est verticale. Le thorax, par sa disposition, rappelle la forme d'une selle[1].

Les deux dernières pattes, bien développées, sont organisées pour le saut ; la première paire d'ailes est un peu concave et garnie de fortes nervures, la seconde paire est plus large, plus flexible.

FIG. 16. — Le Criquet voyageur nymphe.

FIG 17. — Le Criquet voyageur, adulte, variété cendrée.

La coloration est variable ; elle est généralement jaunâtre avec des taches brunes ; les cuisses postérieures ont sur leur face interne deux bandes sombres, etc. Longueur 6 à 10 centimètres, l'envergure varie entre 11 et 15 centimètres.

Larves. — Les larves qui sortent de l'œuf sont à

[1] Nous avons puisé un certain nombre de renseignements dans le livre de M. P. Brocchi, *Traité de Zoologie agricole*, Paris, 1886.

peine de la grosseur d'une fourmi ordinaire : elles sont de couleur blanche, mais ne tardent pas à devenir d'un noir grisâtre. Il y a alors une suite de mues successives et, au bout de 25 jours environ, la larve devient nymphe (*Criquet* des Algériens). Cette nymphe (fig. 16) ressemble complètement à l'insecte parfait, seulement elle n'a que des rudiments d'ailes, et quelque temps après, la transformation dernière s'opère, l'animal devient ailé, insecte complet (*Sauterelle* des Algériens, fig. 17).

§ II. — Mœurs et dégâts

En France, le Criquet voyageur a quelquefois porté ses ravages dans le Midi, surtout en Provence.

On connaît les grands désastres que ces insectes causent en Algérie, en Arabie et dans tout le Levant.

C'est généralement au printemps que l'on voit arriver les troupes d'acridiens; elles s'abattent sur le sol, et l'accouplement a lieu. Les femelles pondent alors dans la terre, à 6 ou 8 centimètres de profondeur, et y déposent de 90 à 100 œufs enfermés dans une sorte de sac, de cocon *(oothèque)*; ces œufs sont à peu près de la grosseur d'un grain de seigle. Au bout d'un mois environ, l'éclosion a lieu, les larves commencent à manger, se traînant d'abord doucement, puis assez rapidement. Les nymphes montent sur les chaumes, sur les arbustes, pour se transformer en insectes parfaits. Au bout d'un certain temps, les acridiens prennent leur vol et disparaissent.

Lorsque les Criquets font leur première apparition, il semble que les dégâts qu'ils commettent sont de faible importance. L'herbe est partout abondante à cette époque, et ils épargnent en partie les terrains cultivés. Mais il n'en est plus de même quand apparaissent les larves, les nymphes, et les adultes de la nouvelle génération. L'invasion de 1866 a coûté 50 millions à l'Algérie, et a causé la famine de l'année suivante, pendant laquelle 200.000 indigènes sont morts de misère. Les huit dixièmes des cultures industrielles et sarclées furent littéralement anéantis[1]. Pour les vignes, les oliviers, les orangers, les dattiers, etc., l'effet de la destruction se fit sentir pendant plusieurs années consécutives. Pour la Vigne, la récolte fut nulle pendant deux années, et réduite de moitié à la troisième. « D'après le tableau que nous tirons de la statistique de l'Algérie de 1867 à 1872, en prenant pour base la perte à peu près complète de deux récoltes et demie, et en évaluant à 30 francs l'hectolitre de vin, la colonisation perdit de ce chef environ 15 millions en 1866[2]. »

§ III. — Moyens de destruction

On peut, lorsque l'invasion n'est pas trop forte, faire recueillir les insectes parfaits. Dans le midi de la France, où ces insectes font heureusement d'assez rares apparitions, on a de tout temps employé ce moyen. On paie 25 centimes pour un kilogramme d'insectes, 50 centimes pour le même poids d'œufs. En 1824, on en recueillit aux Saintes-Maries (Camargue) 64.861 kilogrammes et à Arles 6.600 kilogrammes. Ce moyen nous semble tout à fait insuffisant quand il se produit de grandes inva-

[1] Voyez page 115.
[2] Durand, *Rapport au gouverneur général.*

sions. Comme le rappelait un membre de la Société d'acclimatation, il y a trois ans, une partie du centre de l'Espagne fut envahie par les Criquets ; le gouvernement dépensa 600.000 francs, pour leur faire la chasse, et cela sans grand succès [1].

En Algérie, quand l'arrivée des acridiens est annoncée, on crie, on frappe sur des casseroles, on fait, en un mot, le plus de bruit possible pour les éloigner.

On recherche aussi les lieux de ponte, assez facilement reconnaissables, la terre y étant pour ainsi dire émiettée, et on détruit les œufs.

Un vétérinaire militaire, M. Durand, a proposé un procédé qui semble destiné à rendre de grands services.

M. Durand ayant remarqué que les insectes en question ne pouvaient gravir les surfaces polies, eut d'abord l'idée de placer une bande de zinc autour des arbres fruitiers qu'il voulait protéger. Il vit que les Criquets ne pouvaient franchir cet obstacle. Il forma alors le projet d'arrêter la marche des insectes en plaçant des planches bout à bout de champ. Au sommet de ces planches, on clouait une bande de zinc formant une saillie de 3 à 4 centimètres du côté de l'arrivée de la bande envahissante. (Il est assez curieux de remarquer que ce procédé est absolument le même que celui employé par certains ostréiculteurs pour protéger les bassins où ils conservent leurs huîtres de l'invasion des crabes.) Quoi qu'il en soit, M. Durand a depuis modifié son appareil, et il emploie actuellement, au lieu de planches, des bandes de coton ayant une hauteur de 20 à 25 centimètres et surmontées d'une petite bande métallique.

[1] *Bulletin de la Société nat. d'accl.*, 4e série, t. I, n° 1, p. 564.

Non seulement l'inventeur de ce procédé[1] s'opposait ainsi à l'invasion des Criquets, mais il espérait, et espère encore, tirer parti des insectes appelés à servir d'engrais.

Dans ce but, il les force à se diriger dans une série de fosses d'enfouissage placées à cent mètres de distance les unes des autres. Ne pouvant franchir la bande de zinc, les insectes se dirigent forcément dans le seul passage qui reste ouvert, celui qui conduit aux fosses. Nous croyons devoir d'ailleurs, étant donné l'importance de la question, résumer ici la façon d'opérer telle qu'elle a été décrite par M. Durand[2].

1° On surveillera les terrains de pontes, ou la marche des Criquets, pour connaître leur direction d'arrivée.

Cinq ou six jours avant l'invasion des terrains à préserver, on jalonnera en avant de ceux-ci une ligne transversale au sens de là marche, en choisissant des terrains unis et découverts sur plus de 20 mètres de largeur. En arrière de cette ligne jalonnée, à 10 mètres, on choisira les points où les trous d'enfouissage seront bien abordables et abrités contre les infiltrations des eaux. Ces fossés seront espacés plus ou moins suivant l'âge des Criquets. L'espace sera de 50 mètres pour des insectes de 15 jours, de 100 mètres pour des Criquets de 25 jours.

2° On tracera avec soin les quatre côtés de la fosse

---

[1] Il est incontestable que, dès 1871, Mehemed Saïd Pacha, gouverneur de l'île de Chypre, avait employé un procédé à peu près analogue. Mais il est non moins certain que M. Durand ignorait l'invention de ce pacha lorsqu'il eut l'idée de construire ses barrières contre les Criquets.

[2] Durand et Hauvel, *Étude sur les Sauterelles et les Criquets; moyen d'en arrêter les invasions*, Paris, 1878.

rectangulaire dont la largeur sera parallèle à la ligne jalonnée et la longueur en saillie perpendiculaire à cette ligne. Chaque fossé aura 1^m,50 à 2 mètres de profondeur. On étalera autour des fosses les déblais les plus friables, pour exhausser les berges de 25 centimètres.

On divisera ensuite en deux parties égales chaque intervalle des fosses, et on plantera un piquet à 10 mètres en avant de la ligne jalonnée, du côté de l'arrivée des Criquets. Cela fait, chacun des piquets avancés sera réuni par une ficelle à l'extrémité postérieure des fosses voisines, de façon à constituer une série de lignes droites, qui mesureront de 30 à 50 mètres, suivant l'espacement des fosses, et constitueront par leur ensemble une série de dents au fond desquelles se trouveront les fosses formant saillie. Enfin, on nettoiera et aplanira le sol, sur une largeur de 1 mètre, vers les angles saillants de 2 mètres, près des trous en avant de la ligne des ficelles. On placera à plat, sur les trois côtés avancés des fosses, des planches dont le bord tourné vers le trou aura été garni, par dessus, d'une bande de zinc ayant 8 à 10 centimètres, ou d'une bande de laiton, en ayant soin que ces planches fassent d'autant saillie au-dessus du vide.

3° La veille du jour de l'invasion, on creusera un petit sillon suivant la direction de toutes les ficelles et on plantera des piquets à 1^m,50 environ d'écartement en passant derrière chaque fosse. Ces piquets seront enfoncés jusqu'à ce que leur saillie, soit de 25 centimètres, ils devront se présenter carrément par rapport à la ficelle. L'appareil est ensuite posé et fixé aux piquets.

4° Une fois empilés dans les fosses, les Criquets sont saupoudrés de sulfate de fer *(vitriol vert impur)*, puis on les recouvre de terre et on obtient, d'après M. Durand, un excellent engrais.

M. Kunckel d'Herculais, président de la Société entomologique de France, délégué du ministère de l'agriculture, et M. Théophile Bauquil, professeur départemental d'agriculture, à Constantine, qui avaient été envoyés en Algérie pour étudier sur place les moyens de préserver la Vigne contre les Criquets métamorphosés en sauterelles, ont fait de nombreuses expériences pour connaître le meilleur procédé à employer.

Les expériences entreprises vers le 15 juin 1888, au Camp des Oliviers, ont duré environ deux semaines et ont été conduites de la façon suivante :

On choisit d'abord différents cépages parmi les plus répandus de la contrée tels que : Grenache ou Alicante, Aïn-Kelb, Ugni blanc, Carignan, Morastel, Petit-Bouschet, Aramon, Côt, Cabernet-Sauvignon, Mourvèdre, Cinsaut, Clairette, Piquepoul.

On couvrit les uns de substances pulvérulentes, telles que :

Le soufre sublimé ; le soufre précipité de Schlœsing ; la naphtaline ; la stéatite cuprique ; la stéatite cuprique soufrée ; le soufre naphtaliné ; le soufre phéniqué.

On enduisit les autres des substances liquides suivantes :

La bouillie bordelaise ;

Une bouillie dans laquelle le sulfate de cuivre est remplacé par la naphtaline ;

La chaux éteinte à l'état de lait de chaux.

Des substances astringentes en solution que voici :

La solution ammoniacale de sulfate de cuivre, le sulfate de fer, le carbonate de potasse.

Et des substances amères ci-dessous :

Aloès, gentiane, quassia amara.

Puis, chaque cep fut pincé sous une cage en fil de fer dans laquelle, après le traitement, on introduisit des acridiens ailés, mâles ou femelles, en nombre variable, de 100 jusqu'à 300.

On remarqua tout d'abord que les insectes emprisonnés, s'ils arrivaient à se nourrir du végétal, malgré la répugnance qu'ils manifestaient dans tous les cas, en se réfugiant et en se suspendant à la partie supérieure des cages, ne dévoraient tout d'abord que les points non atteints ou incomplètement atteints par les substances employées.

On remarqua encore que, parmi les substances expérimentées, les unes présentèrent des propriétés insecticides, d'autres des propriétés simplement répulsives ; les premières, soit à cause de leur volatilisation rapide, soit à cause de leur action fâcheuse sur les vignes, ne peuvent être préconisées ; les secondes, au contraire, ont paru devoir être de beaucoup préférées.

Les résultats obtenus ont permis de constater l'efficacité de l'emploi du soufre précipité Schlœsing ou de la bouillie bordelaise.

ARTICLE IX. — COCHENILLES

§ I. — Description

La famille des Cochenilles *(coccus* Linné) renferme deux espèces nuisibles à la Vigne.

La bouche de ces insectes consiste en un petit bec court, de forme conique, d'une gaine et d'un suçoir formé de trois soies.

La première espèce porte le nom de *Pulvinaria vitis*.

L'insecte mâle est un élégant diptère qui apparaît au printemps.

La femelle a la forme d'un puceron. Elle se fixe aux branches ou aux feuilles, et son corps prend alors un développement considérable. Elle forme un coussin de sécrétion cotonneuse dans lequel elle dépose ses œufs.

La seconde espèce, appelée *Ductylopius vitis*, ressemble assez à un petit cloporte cotonneux.

Le mâle est un diptère grisâtre qui paraît à l'automne.

La femelle ne se fixe pas sur les plantes, et elle dépose ses œufs dans les grappes qu'elle salit de ses déjections.

§ II. — Mœurs et dégâts

Pendant l'accouplement, qui a lieu dans les premiers jours d'octobre, la femelle est fixée sur les ceps à l'aide de son suçoir. Elle est bientôt entourée d'une sorte de bourrelet blanc formé par une matière cireuse analogue à celle que sécrète le puceron lanigère. La femelle ne tarde pas à effectuer sa ponte, rassemblant ses œufs en un petit tas qu'elle recouvre de son corps. Puis elle meurt, se dessèche, restant cependant fixée sur ses œufs qu'elle protège encore.

Les petits éclosent bientôt et se répandent sur la Vigne, se fixent et commencent à sucer la sève. Lorsqu'ils sont en grand nombre, ils peuvent faire périr le cep sur lequel ils vivent.

§ III. — Moyens de destruction

Il faut écraser les insectes sur place.

Il est certain que le badigeonnage d'hiver des Vignes et des lotions d'eau de tabac serviront également à les détruire (Brocchi).

ARTICLE X. — BOMBYX. ÉCAILLE A QUEUE D'OR

§ I. — Description

Le Bombyx *(Chelonia chrysura* God.) est un gros papillon nocturne. Sa chenille est velue, d'une couleur brune; c'est une des espèces communes. Elle atteint de 4 à 5 centimètres de longueur.

§ II. — Mœurs, habitudes

Cette chenille marche très vite et vit ordinairement sur les arbres qu'elle dépouille quelquefois entièrement. Pendant l'été, la femelle de ce papillon dépose sur les feuilles trois ou quatre cents œufs qu'elle recouvre d'une soie jaune.

Au bout de quelques jours, l'éclosion se fait et l'on voit sortir du berceau des chenilles de seize pattes qui vont se construire une nouvelle demeure pour vivre en commun. A mesure qu'elles grossissent, elles agran-- dissent leur nid.

Le matin, elles quittent leur demeure pour aller manger et y rentrent le soir ou quand il fait mauvais temps.

§ III. — Moyens de destruction

Comme ces chenilles forment ces gros paquets blancs et soyeux que nous voyons suspendus aux branches des arbres, il sera facile de les détruire, et on choisira le moment où elles s'y sont retirées.

ARTICLE XI. — LA LIVRÉE ET LE BOMBYX DU PIN

C'est au même genre qu'appartient la Livrée *(Bombyx Neustria* Fab.). Ce papillon tire son nom de sa che- nille qui est marquée sur le dos et sur les côtés de lignes longitudinales de différentes couleurs et ressemblant à un galon.

Le même genre renferme aussi le Bombyx du pin et le Bombyx processionnaire dont les chenilles sont si remarquables par leur marche régulière.

ARTICLE XII. — AGROTIS OU NOCTUELLE

§ I. — Description

L'Agrotis appartient à un genre de papillons noc- turnes (fig. 18 et 19).

La chenille d'un vert pâle ou d'un gris livide est généralement connue sous le nom de *Ver gris*. Elle atteint de 5 à 6 centimètres de longueur.

Elle éclot au mois d'avril.

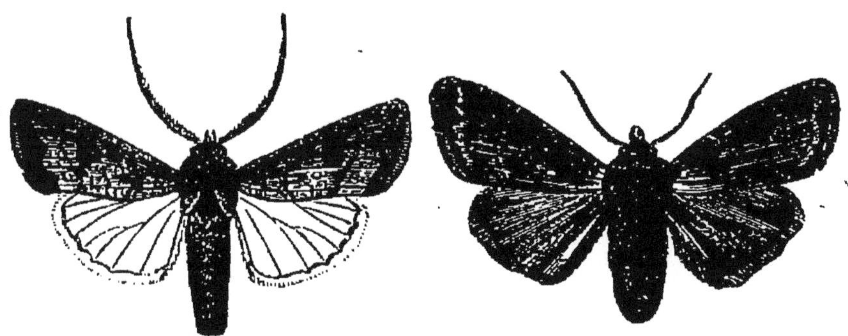

FIG. 18. — Noctuelle des moissons.   FIG. 19. — Agrotis, Noctuelle point d'exclamation.

§ II. — Mœurs et habitudes

Pendant le jour, cette chenille se cache sous les mottes de terre, sous les pierres ou parmi les touffes d'herbe.

Pendant la nuit, elle grimpe sur les souches et dévore rapidement les jeunes bourgeons, en mai et en juin.

Cet insecte dépose ses œufs sous les écorces ou dans leurs interstices.

§ III. — Moyens de destruction

Par les badigeonnages et le flambage des écorces, on détruira en grande partie les Noctuelles ainsi qu'un grand nombre d'autres insectes.

ARTICLE XIII. — PYRALE DE LA VIGNE

§ I. — Description

La Pyrale *(Pyralis vitana* Bosc., *Œnopatira pilleriana)* est un papillon nocturne qui appartient au groupe des tordeuses *(Tortrix).*

FIG. 20. — Pyrale de la Vigne.   FIG. 21. — Sa chenille.

Le *papillon* est jaunâtre, à reflets plus ou moins dorés. Les ailes antérieures sont d'un jaune pâle à reflets d'un vert doré; elles portent une tache près de leur base et trois bandes transversales brunes. Les ailes postérieures sont grisâtres. L'envergure est de 20 à 24 millimètres.

La *chenille* (fig. 21) est verte avec des bandes d'un vert jaune et des taches lisses blanchâtres et poilues. La tête est noire, le premier anneau brun et noir.

FIG. 22. — Chrysalide vue de profil.   FIG. 23. — Chrysalide vue en dessous.

§ II. — Mœurs et dégâts

Les mœurs et habitudes de cet insecte ont été observées par Victor Audouin [1].

[1] Audouin, *Histoire des insectes nuisibles à la Vigne et particulièrement de la Pyrale qui dévaste les vignobles*, Paris, 1840-1842.

Les Pyrales apparaissent ordinairement du 10 au 20 juin. L'accouplement a lieu bientôt, et la femelle commence sa ponte et recouvre les feuilles d'un mucilage jaunâtre ou verdâtre qui sert à protéger les œufs jusqu'à leur éclosion ; les œufs sont toujours déposés à la *surface supérieure* des feuilles où ils sont réunis en masse. Ils sont ovales, comprimés. Verts au moment de la ponte, ils deviennent ensuite jaunes ou bruns, puis tachetés de noir ; après l'éclosion, la sortie des chenilles, ils sont de couleur blanche.

Dès qu'elles sont sorties de l'œuf, les chenilles se dispersent, parcourent les feuilles, non pas pour manger, car bien que nées au mois d'août, elles cherchent de suite à hiverner et ne commenceront à mangér qu'au printemps suivant. Ce long jeûne, cette hivernation d'au moins neuf mois, ont été longtemps révoqués en doute, mais on ne saurait maintenant nier ce fait, pour si extraordinaire qu'il paraisse.

Les petites chenilles se rapprochent du bord des feuilles, puis elles se laissent aller, soutenues par un long fil de soie qu'elles ont sécrété. Ainsi suspendues, elles attendent que le vent les pousse sur le cep. Là, elles se réfugient sous l'écorce ou bien encore dans les fissures des échalas. Arrivées dans leur refuge, elles se filent chacune un petit cocon, ovoïde, grisâtre, et long de 5 à 6 millimètres.

Vers le mois d'avril, les petites chenilles sortent de leurs cocons et se dirigent vers le bourgeon. Souvent, et cela dépend de la température, elles n'apparaissent que dans la deuxième quinzaine de mai. Dès que les chenilles ont gagné les extrémités des pousses, elles relient ensemble, par des fils de soie, les feuilles et les petites grappes, afin de constituer une enveloppe. Quand ces larves ont atteint la longueur de 1 centimètre, elles quittent leurs abris et descendent vers le milieu des tiges. Là, elles se construisent une nouvelle loge, plus spacieuse, et elles continuent à manger, jusqu'au moment où elles se transforment en chrysalides.

Quand la chenille de ce papillon a atteint tout son développement, et qu'elle est sur le point de se métamorphoser, elle est longue de 18 à 20 millimètres. Sa tête est brune, ainsi que le premier segment. Le reste du corps est vert ou jaunâtre; les segments sont légèrement poilus. Elle roule les feuilles qui lui servent de nourriture et d'abri.

C'est sous cette forme qu'elle est un des plus grands fléaux des Vignes.

Ces chrysalides (fig. 22 et 23) sont lisses, avec des rangées d'épines très petites situées à la partie supérieure des anneaux de l'abdomen.

Cet insecte a causé autrefois des dommages énormes. Depuis que l'on a trouvé, comme nous allons le voir, un moyen excellent de s'en débarrasser, les dégâts sont moins considérables. Cependant la Pyrale a encore, en 1862, ravagé la Champagne. En Bourgogne, elle est encore assez souvent signalée.

§ III. — Moyens de destruction

Un procédé autrefois recommandé consistait à allumer de grands feux le soir. Les papillons attirés venaient se brûler en grand nombre; mais on s'aperçut bientôt que l'immense majorité des insectes ainsi détruits étaient des mâles ; les femelles alourdies par leurs œufs volant peu ou ne volant pas.

Audouin conseilla de cueillir les feuilles chargées d'œufs. Ces feuilles sont faciles à reconnaître, la ponte ayant lieu sur leur face supérieure, où ils tranchent par leur teinte. Audouin rapporte qu'en cinq jours vingt personnes ramassèrent 186.000 pontes. Mais ce procédé ne laisssait pas que d'être coûteux et ne donnait que des résultats incomplets.

Enfin, en 1840, Benoît Raclet, vigneron de Romanèche, proposa un moyen excellent et adopté maintenant partout. Ce procédé est l'*échaudage* ou *ébouillantage* des ceps et des échalas à l'aide d'eau bouillante. L'eau est chauffée sur place ; une fois qu'elle est bouillante, on en remplit des sortes de cafetières, de la contenance d'un litre, munies d'une double enveloppe. Ces vases sont confiés à des femmes, à des enfants qui vont en déverser le contenu sur les ceps. Seulement il est bien recommandé de ménager les bourgeons. Quant aux échalas, on les enferme dans une caisse en bois et on les traite par la vapeur. Il faut agir pendant l'hiver avant que les bourgeons aient commencé à se gonfler. (Brocchi).

ARTICLE XIV.— TEIGNE DE LA VIGNE, COCHYLIS

Le Cochylis, dont le nom scientifique est *Tortrix uvana* Ok. ou *Cochylis roserana*, est un petit papillon nocturne appartenant à la famille des Teignes.

§ I. — **Description.**

Le *papillon* a les ailes supérieures jaunâtres et portant une bande d'un brun foncé, presque noire. Les ailes inférieures sont d'un gris cendré. Cet insecte est de très petite taille.

La *chenille* a la tête d'un brun rouge foncé ainsi que le premier anneau du corps. Le reste du corps est d'abord grisâtre, puis devient d'un rose violacé. Longueur, 8 millimètres.

Les larves de cet insecte sont appelées *tordeuses*, à cause de leur habitude de tordre et de rassembler les jeunes feuilles ou les fleurs des grappes qu'elles enlacent par des fils.

§ II. — **Mœurs et dégâts**

Les papillons apparaissent en avril. La femelle dépose ses œufs soit sur les bourgeons naissants, soit sur les nouvelles grappes. Ces œufs, d'un gris pâle, sont très petits, disposés par plaques.

La chenille s'attaque aux fleurs et aux grains, jamais aux feuilles. Elle passe l'hiver sous forme de chrysalide. Cet insecte a été signalé surtout dans le midi de la France. Il a causé des ravages dans les Pyrénées-Orientales.

La larve du Cochylis mange les fleurs de la Vigne au printemps, et les grains du raisin à l'automne.

§ III. — **Moyens de destruction**

On ne peut recommander l'échenillage qui forcerait à enlever les petites grappes. On pourrait essayer de détruire les chrysalides qui se tiennent sous l'écorce des ceps. Le badigeonnage prescrit contre le phylloxéra rendra encore des services contre la Teigne de la Vigne (Brocchi).

Au printemps, on la combat avec l'eau de tabac.

A l'automne, c'est beaucoup plus difficile, parce que cette chenille se tient dans le centre de la grappe.

ARTICLE XV. — CALORIS [1]

§ I. — Description [2]

Cet insecte appartient au groupe des *Hémiptères hétéroptères*, c'est-à-dire à ceux de ces articulés qui ont les ailes supérieures à moitié coriaces et à moitié membraneuses. Il fait partie, d'après M. Kunckel d'Herculais, de la famille des *Capsides*.

Le Lopus a le corps allongé, étroit, de couleur noirâtre ou brun noirâtre avec des lignes et des points blanc jaunâtre ou jaune orange. Il a quatre ailes. Sa longueur est d'environ 7 millimètres. La femelle est un peu plus grosse que le mâle : cet insecte est de consistance très molle. Les mâles volent avec facilité, mais les femelles ont des ailes presque rudimentaires et, par conséquent, ne volent jamais.

L'accouplement se produit vers la deuxième semaine de juin. A ce moment, l'abdomen de la femelle augmente

---

[1] Cet insecte avait d'abord été désigné sous le nom de *Calocoris* et il est généralement désigné ainsi.

[2] M. le Dr Patrigeon a publié sur cet insecte un travail complet qui nous servira de guide ici. Le mémoire de M. Patrigeon a paru dans le *Journal d'Agriculture pratique*, nᵒˢ 35 à 39, t. II, 1885.

beaucoup de volume, il est distendu par les œufs. L'insecte ne tarde pas à pondre[1].

Les œufs sont, au moment de la ponte, d'un blanc nacré, ovoïdes, ayant à peine 2 millimètres de longueur. La ponte a lieu dans la deuxième quinzaine de juin, mais ils n'éclosent que huit mois après, c'est-à-dire vers la fin de mars. Vers la fin de l'hiver, les œufs ont changé de couleur, ils deviennent d'abord roses, puis rouges au moment de l'éclosion.

La *larve* sortant de l'œuf est naturellement très petite (long. 1^{mm} 1/3). « D'une manière générale, dit le Dr Patrigeon, elle ressemble à une très petite araignée. Elle est munie de deux longues antennes; sa bouche présente la forme d'un bec rigide, long suçoir de 1 millimètre environ. Il n'y a pas trace d'ailes; le corps est rouge clair... les pattes grises[2]. »

Vingt jours après sa naissance, cette larve a considérablement grandi; sa longueur est de $2^{mm},5$. Sa coloration est devenue moins vive; elle est jaunâtre, et de petites bandes blanchâtres se montrent sur le thorax et l'abdomen; on commence à apercevoir des rudiments d'ailes. La larve se transforme en nymphe.

Un mois après la naissance, l'insecte a $3^{mm},5$ de longueur; les ailes, encore très petites, sont cependant bien visibles. Enfin, quelques jours après, la nymphe est complète, elle a $5^{mm},5$ de longueur; les ailes atteignent le tiers inférieur de l'abdomen, l'insecte est de couleur brunâtre. C'est, bien entendu, par des mues successives

---

[1] La ponte a lieu le plus souvent sur les échalas, quelquefois sur les souches.

[2] Dr Patrigeon, *loc. cit.*, p. 307.

que le Lopus a atteint cette forme. Une dernière mue, et il devient insecte parfait.

§ II. — Mœurs et dégâts

Dès qu'elle est éclose, la larve se montre très active; comme elle apparaît en mars, avril, la Vigne ne peut lui offrir encore une nourriture suffisante; elle se porte alors sur d'autres plantes telles que le seneçon, la moutarde des champs, qui semble avoir toutes ses préférences. D'après les observations de M. Patrigeon, « dans les Vignes envahies où se rencontrent indifféremment l'une ou l'autre de ces plantes, on trouvera toujours la majeure partie des larves sur les seneçons et quelques-unes seulement sur les moutardes; si les seneçons font défaut, presque toutes les larves se réfugieront sur les *sauves* (moutardes)[1].

Tant que les Vignes n'ont pas reçu leur première façon de piochage, les larves vivent dans une abondance relative. Mais la disette survient après cette opération. A l'époque de la mue, les larves périssent facilement, surtout si de fortes pluies viennent à tomber à cette époque.

Pendant que la larve subit ses diverses transformations, le raisin se développe, les boutons floraux apparaissent sous forme de petits grains arrondis; c'est alors que l'insecte se porte sur les ceps, principalement et de préférence sur les cépages noirs. Il enfonce son suçoir dans les boutons et commence à aspirer la sève : cette piqûre laisse comme trace une petite tache noire et, si

---

1 Dr Patrigeon, *loc. cit.*, p. 381.

l'insecte continue à sucer, l'enveloppe des parties essentielles de la fleur (étamines et pistil) disparaît, et la fleur ne tarde pas à périr.

La Vigne demeure exposée aux ravages du Lopus depuis l'époque où les boutons floraux apparaissent, jusqu'au moment de la floraison; l'insecte disparaît ensuite.

§ III. — Moyens de destruction

Ce dangereux hémiptère a paru sur diverss points de la France, dans l'Yonne, dans le Cher, dans l'Aude, et il y a commis des dégâts sérieux.

Nous avons vu que, dans la plupart des cas, les œufs étaient déposés sur les échalas, dans les fissures présentées par ces morceaux de bois. Il y a donc là une indication précieuse, et l'échaudage de ces échalas, tel qu'on le pratique contre les chenilles de la Pyrale, donnera certainement de très bons résultats. M. Patrigeon conseille de transporter en lieu clos pendant l'hiver ou à la fin de l'hiver tous les échalas des Vignes atteintes, et de ne les rapporter sur le terrain que vers la fin de mai, c'est-à-dire après l'éclosion des œufs. Dans ces conditions, les larves ne trouvant pas de nourriture au moment de leur naissance périront certainement.

Comme les œufs sont parfois pondus sur les ceps, il serait bon de badigeonner ces derniers de la même façon que lorsqu'il s'agit de combattre le phylloxera [1]. M. Patrigeon a proposé aussi de détruire les larves directement « en projetant sur elles à l'aide d'un pulvé--

---

[1] Voyez *Phylloxera*.

risateur un nuage de liquide puisamment insecticide[1].»

Les liquides employés sont la benzine et le sulfure de carbone. Voici d'ailleurs comment l'auteur du procédé en décrit la pratique : « Nous savons que les Lopus affectent une préférence marquée pour le seneçon et la moutarde des champs, qu'ils s'y tiennent pour ainsi dire en permanence, et qu'en les cherchant uniquement sur ces plantes, on est toujours assuré de les trouver réunis en colonies plus ou moins nombreuses ; nous savons aussi qu'il suffira de secouer légèrement les plantes pour obliger les insectes qu'elles abritent à se jeter à terre et à s'exposer à découvert au jet du pulvérisateur.

« L'opérateur, muni de son appareil prêt à fonctionner, cherche attentivement les plantes parasites qui servent de refuge ordinaire aux larves de Lopus, sans s'inquiéter des autres plantes. Il se baisse, et remue du bout des doigts la plante auprès de laquelle il vient de s'arrêter. Les larves se laissent tomber aussitôt pour chercher à fuir dans toutes les directions. L'opérateur projette alors vivement le jet du pulvérisateur au pied de la plante et sur le sol avoisinant. Si peu que les Lopus aient été touchés par le liquide, on les voit s'arrêter, remuer un instant leurs pattes, puis demeurer immobiles[2].»

Quand l'insecte est à l'état parfait, fixé sur la Vigne même, M. Patrigeon propose de projeter sur lui, à l'aide du pulvérisateur, soit de l'*essence minérale*, à la condition que son poids spécifique soit aussi peu élevé que

---

[1] Patrigeon, *loc. cit.*, p. 413.

[2] Ces insectes sont-ils réellement tués? N'est-ce pas là une mort apparente? On peut concevoir quelques doutes à cet égard.

possible (0,70 environ), soit une macération de poudre de pyrèthre dans un mélange d'éther, d'alcool et de sulfure de carbone [1].

Quelques autres moyens ont encore été mis en usage. On a introduit dans les Vignes les oiseaux de basse-cour, comme on le fait quelquefois en vue de détruire les Altises, les Rhynchites, etc. C'est un procédé qui peut être avantageux pour détruire les larves. Dans l'Yonne, on s'est servi d'un soufflet flambeur, on a arrosé les seneçons avec de l'eau de savon, de l'eau additionnée de pétrole, etc.

Il est évident d'ailleurs que plus une Vigne sera bien tenue, moins les larves trouveront facilement la nourture qui leur est nécessaire (Brocchi).

ARTICLE XVI. — PHYLLOXERA DE LA VIGNE

§ I. — Historique

Le Phylloxera de la Vigne *(Phylloxera vastatrix)* est certainement le plus redoutable des parasites qui attaquent nos Vignes.

Connu déjà depuis longtemps dans l'Amérique du Nord (1853), cet insecte a été désigné (1856) par un entomologiste des États-Unis, Asa Fitch, sous le nom

---

[1] Voici la formule :

Éther à 62°.	7gr.
Sulfure de carbone.	25
Alcool à 86°.	75
Poudre de pyrèthre.	7

Mélangez éther et sulfure, agitez, puis versez peu à peu l'alcool, en remuant avec une baguette de verre. Ajoutez la poudre, laissez macérer huit jours. Passez avec expression et filtrez.

de *Pemphigus vitifoliæ*; trompé par l'analogie que présentaient les galles de la Vigne, au fond desquelles il le trouvait, avec les galles des Ormes et des Peupliers, il faisait de l'habitant un véritable puceron. Comme on mettait en doute sa classification parmi les Aphides, Shimer créa (1867) pour cette espèce le nouveau genre *Dactylosphœra*, dont le nom devait rappeler la forme des poils que portent les tarses de ces insectes ; cependant les Coccides en présentent également. Dans l'intervalle, en 1863, on découvrit ces parasites en Angleterre, à Hammersmith, près de Londres, dans des serres à Vignes, et Westwood, le doyen des entomologistes, les considéra comme une espèce nouvelle à laquelle il attribua le nom nouveau de *Peritymbia vitisana*[1].

Un mal inconnu commençait à ruiner les vignobles du Comtat-Venaissin, de la Crau, des Alpines, aux environs de Tarascon, et les vignerons s'en effrayaient ; en 1868, M. Planchon découvrit que la maladie était causée par la présence sur les racines « de traînées de points jaunâtres que la loupe décomposait en une poussière d'insectes », véritables pucerons. Il appela provisoirement ces pucerons de racine, des *Rhizaphis* ; mais ayant découvert une nymphe, il en vit éclore, le 28 août, « un élégant petit moucheron, ou plutôt une cigale en miniature portant étalées ses quatre ailes transparentes » et reconnut que son *Rhizaphis* devenait un *Phylloxera*, difficile à distinguer du phylloxera du chêne ; il substi-

---

[1] Cet article est en grande partie emprunté à Brehm, *Merveilles de la Nature, les Insectes*, édition française par J. Kunckel d'Herculais, t. II, p. 504 et suiv.

tua alors une cinquième dénomination, celle de *Phylloxera vastatrix*.

En 1869, M. Planchon, à Sorgues (Vaucluse), M. Laliman, à Bordeaux, découvraient sur des cépages américains dont plusieurs portaient sur leurs racines des Phylloxeras, de nombreuses galles pareilles à celles dont Asa Fitch attribuait la production à des *Pemphigus*. « Soupçonnant que ces deux insectes, si différents en apparence, étaient des formes du même animal, modifiées par le milieu, l'une à vie souterraine (type radicicole), l'autre à vie aérienne (type gallicole), MM. Lichtenstein et Planchon eurent l'idée que le *Pemphigus vitifoliæ* de Fitch n'était rien autre que notre *Phylloxera vastatrix*[1]. » L'expérience vint confirmer ces prévisions, des Phylloxeras des galles transportés sur des racines et réciproquement acceptèrent volontiers ce changement de résidence (expériences de MM. Planchon, Cornu, Risley, Balbiani) ; M. Risley, venu exprès d'Amérique, put affirmer l'identité des insectes des deux pays.

Cette dernière désignation de *Phylloxera vastatrix* est devenue tellement populaire qu'il est difficile de ne pas faire une infraction à la règle établie par les entomologistes qui préfèrent consacrer généralement la dénomination la plus ancienne de *Phylloxera vitifoliæ*; nous ferons d'ailleurs remarquer avec M. Planchon : 1° que cette dénomination primitive est absolument incorrecte, *vitifoliæ* étant un barbarisme qu'il faudrait rectifier en *vitisfolii*; 2° que ce nom même de *vitisfolii* ferait supposer que le *Phylloxera* en question vit spéciale-

---

[1] Planchon, *le Phylloxera en Europe et en Amérique* (Revue des Deux Mondes, février 1874).

ment sur les feuilles de la Vigne, tandis que sa forme la plus dangereuse, la plus connue, passe son existence sur les racines. Le nom de *vastatrix* qui désigne un grand fait général, celui de la nocuité de l'espèce, méritait d'être choisi et l'a été en effet.

§ II. — Marche de l'invasion

Le *Phylloxera vastatrix* existe sur les Vignes sauvages et cultivées de l'Amérique du Nord, à l'est comme à l'ouest des montagnes Rocheuses depuis le Canada jusqu'à la Floride, de l'océan Atlantique à l'océan Pacifique; on peut affirmer en toute certitude que son introduction en Europe est due à l'importation de Vignes américaines; examinons comment le redoutable puceron, qui ne tue pas les Vignes américaines, mais oppose un sérieux obstacle à la culture de nos Vignes européennes dans le Nouveau-Monde, s'est introduit en Europe, et suivons pas à pas sa marche envahissante.

Partout où l'insecte à fait son apparition, c'est au voisinage des ceps américains.

Dans la Gironde, le Phylloxera s'est montré pour la première fois à Floirac, près Bordeaux, dans un vignoble centre d'importation directe de Vignes américaines appartenant à M. Laliman, et s'est répandu dans le vignoble contigu de M. le Dr Chaigneau.

En Allemagne, il a été rencontré à Annaberg, près de Bonn, où l'on expérimentait la culture de différentes espèces de *Vitis* originaires des États-Unis, et transporté de là en Suisse dans différentes localités du canton de Neufchâtel et à Willisau dans le canton de Lucerne.

En Autriche, l'insecte a été découvert tout d'abord à la station œnologique de Klosterneuburg, près de Vienne, où l'on avait planté des ceps américains, reçus directement des États-Unis par l'intermédiaire d'un pépiniériste.

En Portugal, les environs d'Oporto ont été envahis par suite de l'introduction dans le vignoble de Mello Vaz Sampaio de la paroisse de Gonvinhas, vers 1863 ou 1864, de Vignes originaires d'Amérique.

Le foyer d'où s'est répandu dans la vallée du Rhône le terrible ravageur paraît être, selon toute probabilité, d'après M. Planchon, la pépinière aujourd'hui détruite, des frères Audibert, à Tonelle, près Tarascon-sur-Rhône, pépinière qui était un centre fort riche d'importation de végétaux exotiques, et qui, dès 1838, possédait vingt-sept espèces ou variétés de Vignes américaines ; c'est d'elle que sortaient les plants d'Isabelle et de Catawba, cultivés à Roquemaure (Gard), à quelques kilomètres de Pujault, localité où le Phylloxera a apparu pour la première fois dans le bassin du Rhône.

En France, deux foyers ont apparu d'abord sur deux points distants, mais l'un et l'autre en des régions dont la Vigne est la principale richesse, le sud-est de la France et le Bordelais. Pour suivre en quelque sorte de l'œil l'extension rapide du premier foyer, il n'y a qu'à consulter les cartes qu'un jeune savant, M. Duclaux, professeur à la Faculté des sciences de Lyon, a publiées dans les *Mémoires de l'Académie des sciences*, dont il était le délégué. Représentées par une teinte spéciale, les surfaces infestées d'une année à l'autre se multiplient et s'agrandissent.

En 1865, d'après des indications rétrospectives et peu précises, un seul point, près de Pujault (Gard), sur la rive droite du Rhône, était contaminé.

En 1866, ce point est devenu une large tache couvrant Pujault, Roquemaure, s'avançant vers Villeneuve-lez-Avignon sur la même rive; de plus Vaucluse offre neuf foyers disséminés, les Bouches-du-Rhône en offrent deux, l'un près de Saint-Rémy, l'autre en pleine Crau, entre Saint-Martin et Raphaël (fig. 24).

En 1867, une large tache couvre Vaucluse et une partie du Gard, une autre, les Bouches-du-Rhône des deux côtés de la chaîne des Alpines.

En 1868, tout le cours du bas Rhône est envahi, principalement sur la rive gauche, depuis Grignon et Pierrelatte, dans la Drôme, jusqu'aux Martigues (Bouches-du-Rhône, avec une pointe remontant la vallée de la Durance jusqu'au voisinage de Lourmarin.

1869 voit les deux taches réunies et en même temps, s'étendant vers le nord, jusqu'au delà de Donzères, vers l'est, jusqu'aux confins d'Aix, en Provence, vers l'ouest, presque jusqu'aux portes de Nîmes; enfin des points d'attaque isolés, véritables colonies d'avant-garde, se montrent à Loriol et Crest (Drôme), vers le nord, à Ollioules et Toulon, vers l'est, à Lunel-Viel, à Saint-Gely du Fesc, dans l'arrondissement de Montpellier (Hérault). Depuis lors, le mal a toujours marché en rayonnant autour du foyer primitif, au nord, en remontant graduellement le Rhône jusqu'à Lyon avec ramifications dans les vallées des affluents principaux du fleuve, — à l'est, en s'implantant dans les Basses-Alpes et le Var, — à l'ouest, en envahissant le Gard presque tout entier, sauf les districts des hautes Cévennes, et

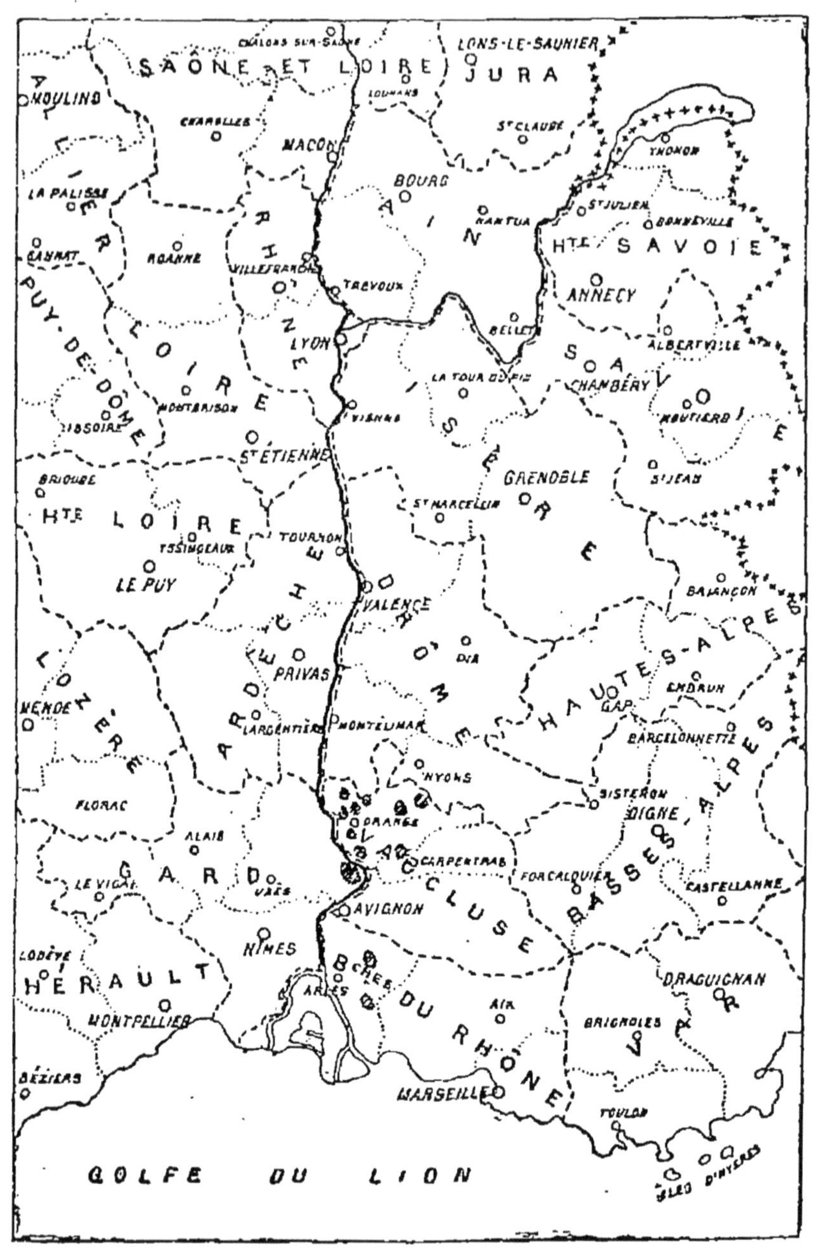

Marche de l'invasion du Phylloxera en France.

Fig. 24. — Les foyers phylloxeriques dans la vallée du Rhône en 1866.

l'Hérault dans sa partie limitrophe aux terrains du Gard,

savoir l'arrondissement entier de Montpellier, et dans

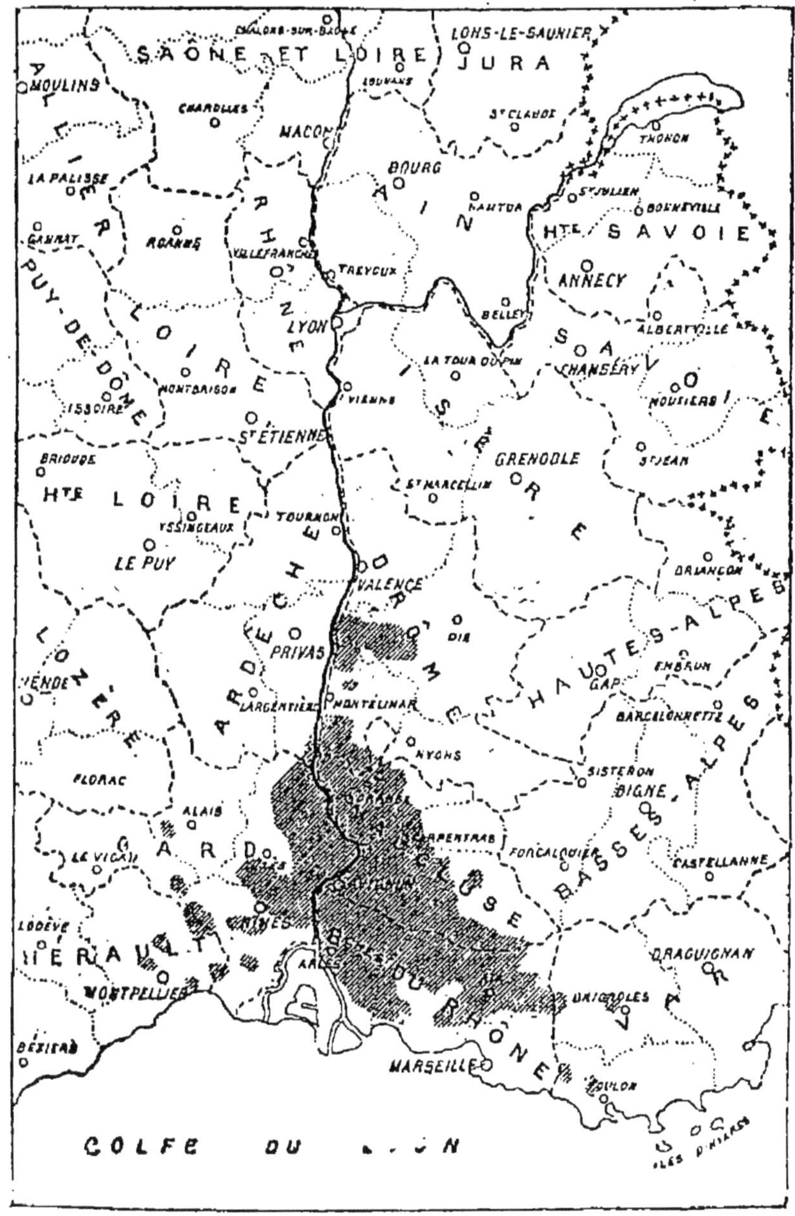

Marche de l'invasion du Phylloxera en France.

FIG. 25. — Leur extension en 1870.

le bassin de l'Hérault, une très faible partie de la lisière orientale des arrondissements de Lodève et de Béziers (fig. 25).

Partout l'envahissement graduel présente les mêmes phases : après une période de mal latent, apparition de quelques points d'attaque isolés, — dans le courant de l'année même, agrandissement de ces points locaux que l'on a pu comparer à l'extension graduelle d'une tache d'huile, en même temps qu'une multiplication de ces foyers, colonies d'avant-garde jetées à des distances de plusieurs lieues au-delà des centres développés l'année précédente, — en un mot, aggravation effrayante du mal déjà confirmé, apparition fatale de foyers nouveaux, menace des pays vers lesquels s'avancent les essaims dévastateurs.

En 1873, Montpellier est absolument menacé et le fléau s'est étendu vers le sud-est jusqu'au delà de Toulon; vers le nord, il a gagné jusqu'au-dessus de Valence, dans la Drôme.

En 1876 (fig: 26), Montpellier est complètement envahi et même dépassé, le mal est tout près de Béziers. Du côté de l'est, il a gagné la frontière et atteint les Alpes; on rencontre le Phylloxera dans les hautes vallées où le vent l'a transporté. Vers le nord, l'insecte est monté bien au delà de Valence. Moins rapide dans le bassin de la Gironde, la marche du fléau s'y est surtout accentuée dans le sens du nord et de l'ouest.

En 1867, vous apercevez une petite tache sur les bords de la Garonne et, un peu plus loin, une autre à Cognac. Par conséquent, c'est d'un côté le Bordelais et de l'autre les Charentes qui se trouvent menacés. Respectant d'abord le Médoc, l'invasion franchit la Dordogne et servit probablement de point de départ à ces

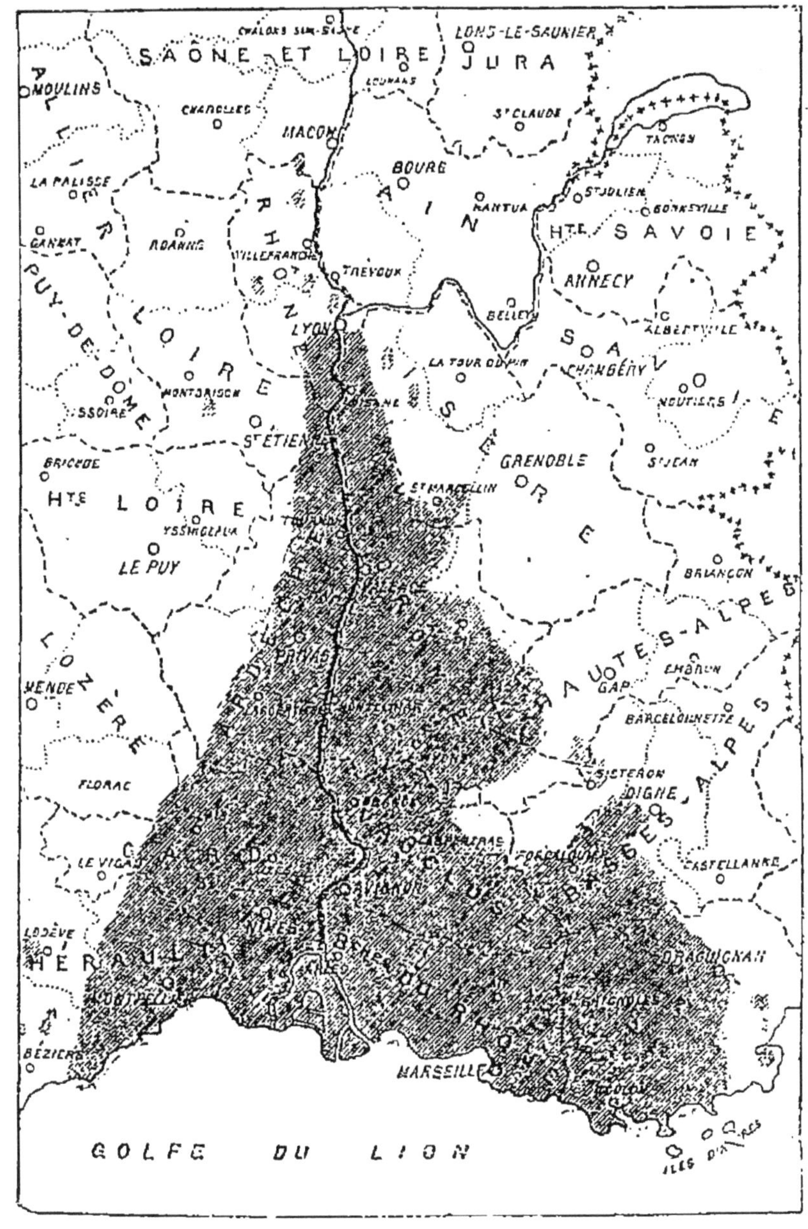

Marche de l'invasion du Phylloxera en France.
FIG. 26. — L'invasion dans le Sud-Est en 1876.

nombreuses colonies que M. Lecoq de Boisbaudran et

M. Cornu ont découvertes, en 1873, dans la Charente,

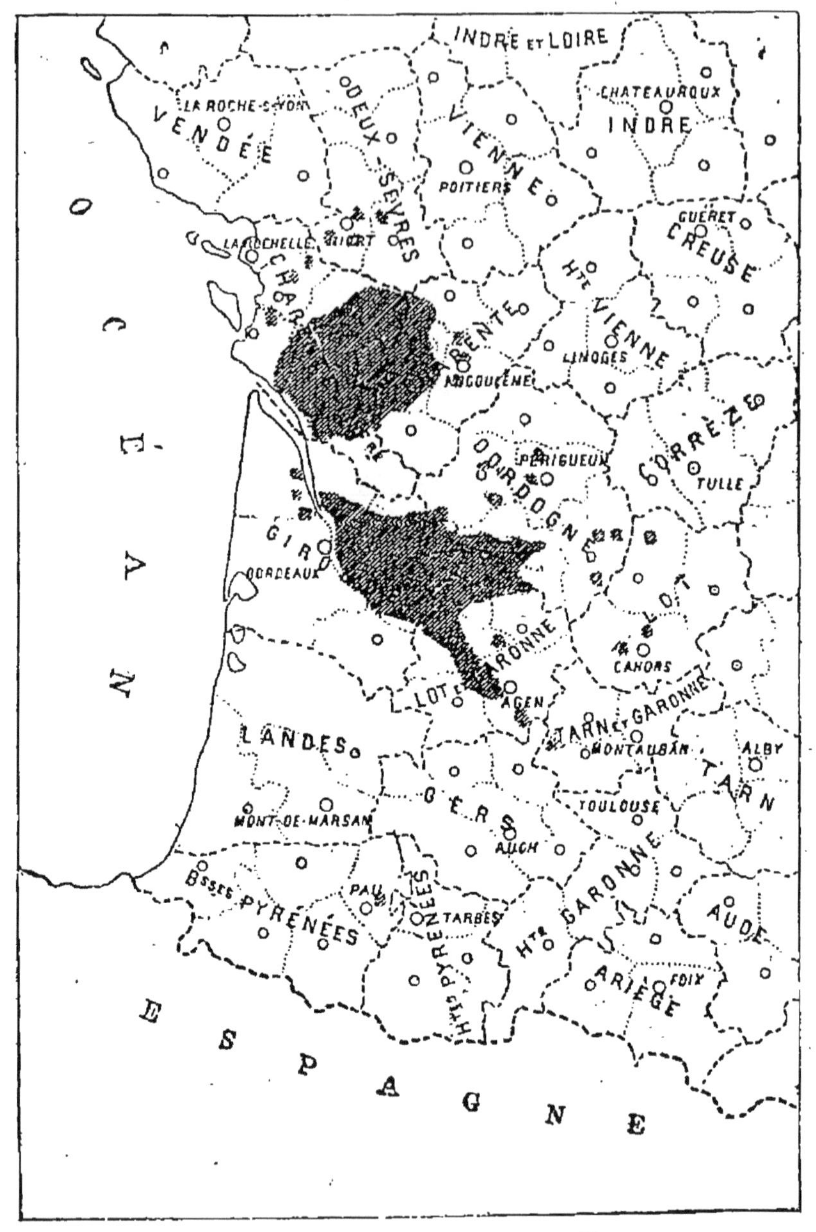

Marche de l'invasion du Phylloxera en France.

Fig. 27. — L'invasion dans le Sud-Ouest en 1876.

autre centre de la richesse vinicole de la France.

La carte de 1876 (fig. 27) montre que les deux taches primitives ont bien grandi; elles se sont étendues en envoyant des essaims de tous les côtés, vous en trouvez jusque dans les Basses-Pyrénées; là-bas, ayant passé le Lot-et-Garonne, les voici au-delà d'Agen, à Sarlat et à Périgueux, dans la Dordogne; à Blaye, à Lesparre, dans la Gironde. Le fléau gagne de plus en plus.

Une carte officielle des Vignes atteintes a été créée et mise chaque année au courant des faits. Dans cette carte, on marque d'une teinte noire les arrondissements (c'est l'unité de surface adoptée) absolument envahis, dont il faut désespérer pour ainsi dire; puis, d'une teinte grise les arrondissements où l'on peut encore lutter contre le Phylloxera; d'une teinte d'un blanc sale ceux où l'on ne rencontre encore que quelques taches isolées; enfin, d'une teinte blanche les arrondissements indemnes.

Sur la première de ces cartes officielles (fig. 28) comprenant la France tout entière (1878), on voit deux grosses taches : l'une au sud-est, c'est le bassin du Rhône, l'autre au sud-ouest, c'est le Bordelais et les Charentes. Ces deux taches ne sont plus séparées que par une bande étroite. Au sud, le mal est descendu jusque dans les Pyrénées-Orientales; au nord, il est monté jusque dans le centre de la France et même jusqu'au département de Loir-et-Cher et à celui du Loiret, qui est à moitié atteint.

La seconde carte, celle de 1879, démontre deux choses : la première, c'est que la partie noire a gagné; la seconde, c'est que la bande qui tout à l'heure séparait les deux taches, a disparu; maintenant elles se rejoignent. Les arrondissements qui forment le trait d'union

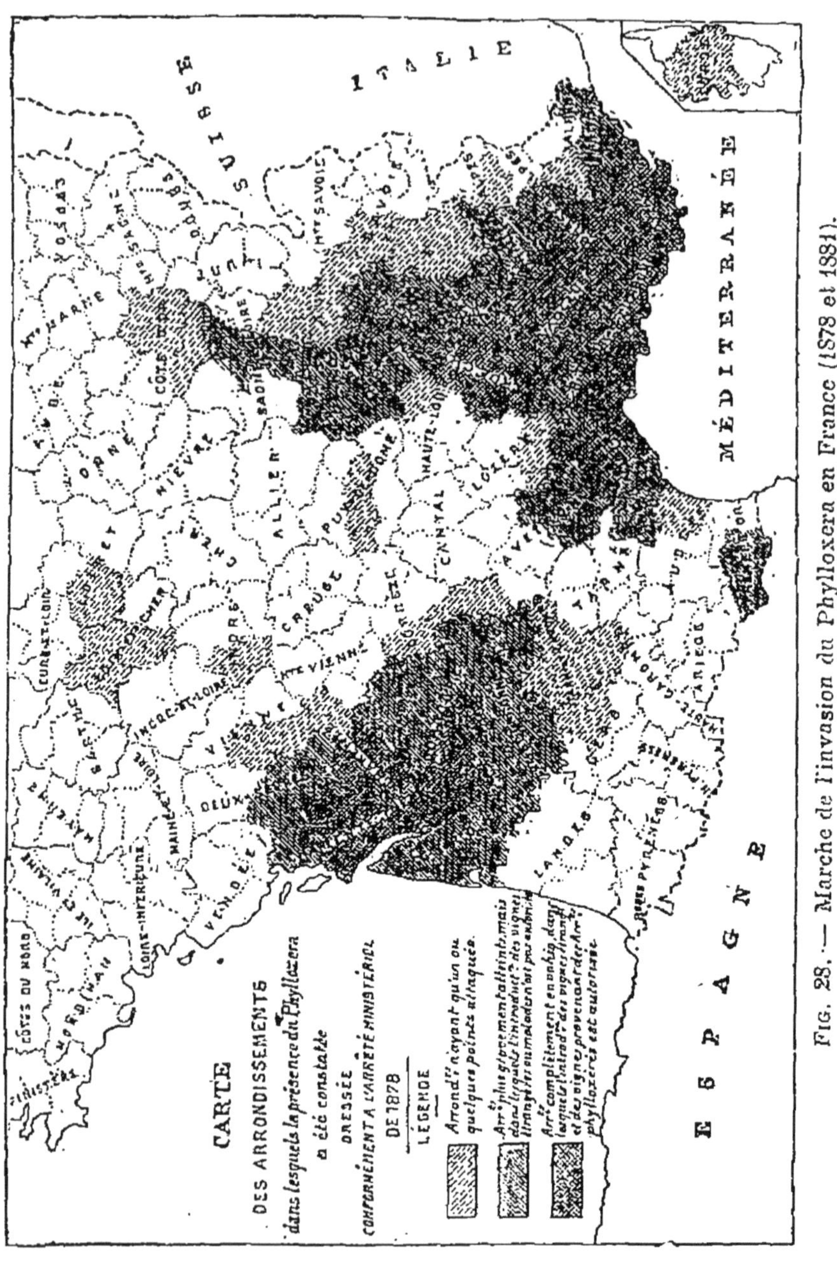

FIG. 28. — Marche de l'invasion du Phylloxera en France (1878 et 1881).

ne sont pas encore à la teinte noire, mais grisâtre, c'est-à-dire que tout est envahi. Et puis le mal s'est étendu beaucoup plus haut ; la tache du Loiret est maintenant reliée à la tache principale.

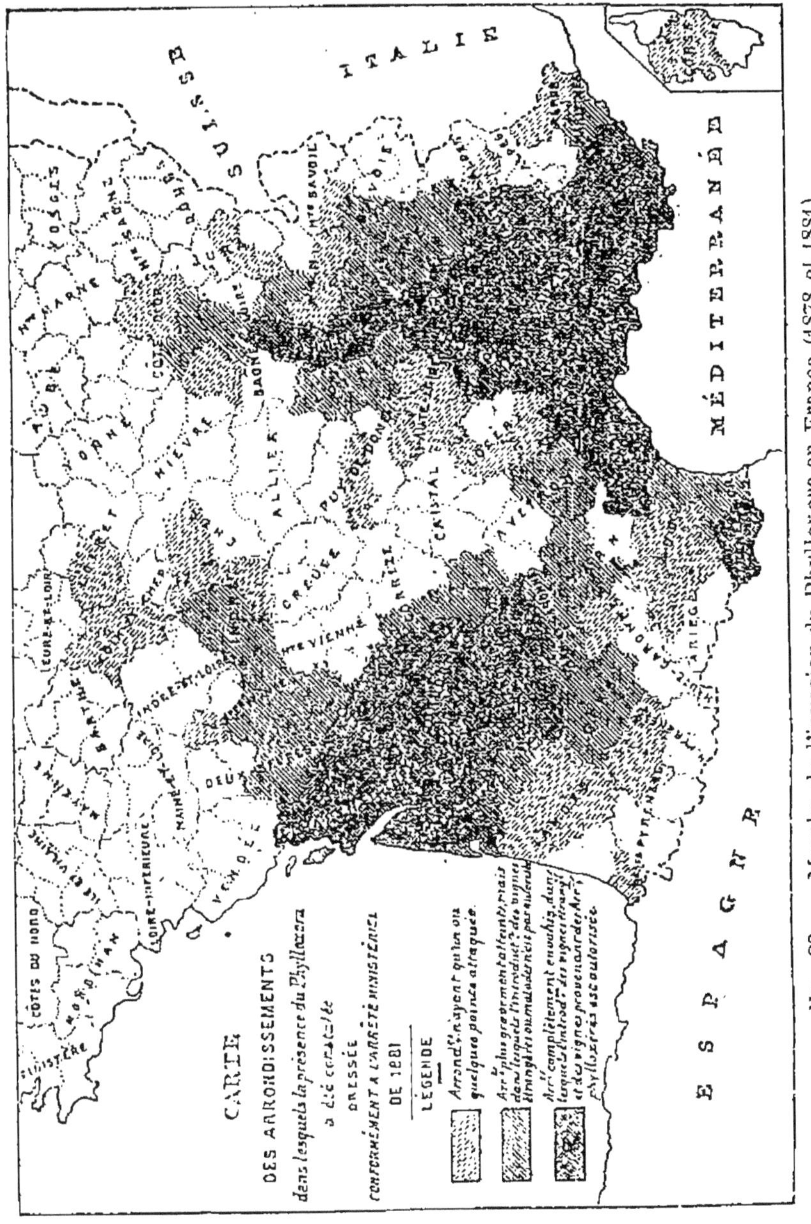

Fig. 22. — Marche de l'invasion du Phylloxera en France (1878 et 1881).

La carte de 1880 fournit un triste enseignement. La

partie noire s'est accrue, des arrondissements assez nombreux sont passés de la teinte grisâtre à la noire; de plus, le fléau s'est étendu vers le nord, principalement en Bourgogne. Et non seulement il est monté vers le centre de la France, mais vers l'est, il gagne de plus en plus.

Dans celle de 1881, la tache noire a grandi; le département des Alpes-Maritimes et celui de la Corse ont été gravement atteints, et, depuis cette époque, le mal n'a fait qu'empirer (fig. 29). En ce moment, la plupart de nos vignobles sont contaminés.

§ III. — Caractères

Le polymorphisme du *Phylloxera vastatrix* ne permet pas de résumer les caractères spécifiques dans une formule simple, il est nécessaire de suivre minutieusement toutes les phases de la vie évolutive de l'insecte pour décrire, chemin faisant, toutes les formes qu'il revêt.

§ IV. — Mœurs, habitudes, régime

Les Phylloxeras aptères, n'ayant pas encore attein leur croissance complète, sont jaune brunâtre; ils passent l'hiver entre les fentes et les crevasses des racines de la Vigne, qui ont généralement l'épaisseur d'un doigt et quelquefois moins encore. A leur réveil, qui est soumis à l'influence de la chaleur du sol, ils échangent leur tégument rugueux et sombre contre un tégument plus délicat, d'un jaune plus pur; ils se fixent alors sur les radicelles qu'ils sucent et atteignent leur taille définitive, qui mesure 0^{mm},75 ou un peu plus. Les figures 30, 31, 33 et 34 mettent en lumière l'analogie de ces insectes avec les Chermès du sapin. Nous ferons remarquer seulement qu'ils portent des yeux

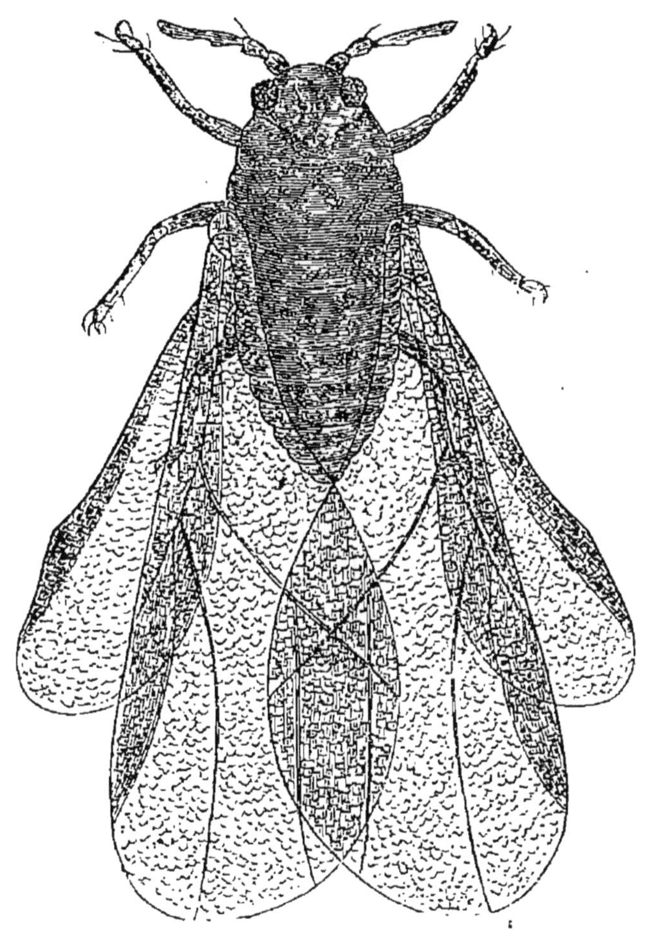

Fig. 30. — Le Phylloxera des racines ; forme parthénogénésique ailée.

composés très nets et des antennes de trois articles formés de deux articles basilaires épais et courts et d'un article terminal beaucoup plus long, qui présente un sillon transversal et un évidement en forme de cuiller recouvert d'une membrane qui semble enchatonnée ; aussi a-t-on comparé cet appareil sensitif au chaton d'une bague. Bientôt on reconnaît que tous ces pucerons sont des femelles, car chacune, en produisant des contorsions variées de l'abdomen, pond sans ordre, en petit tas, une trentaine ou quarantaine d'œufs d'un jaune de soufre au début, plus tard un peu plus foncés. Il en éclôt au bout

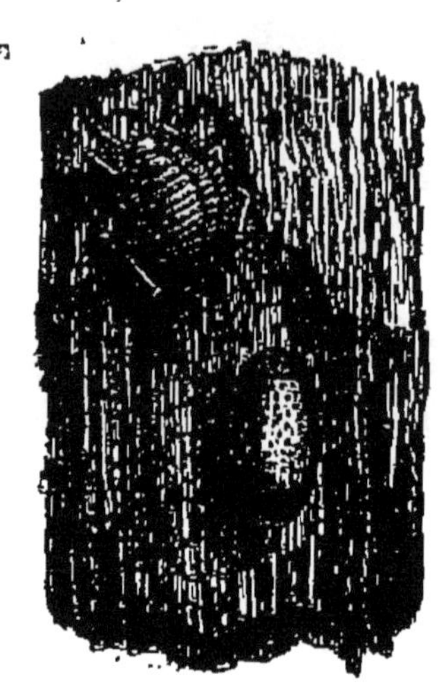

Fig. 31. — Cadavre desséché d'une femelle sexuée et l'œuf d'hiver qu'elle a pondu sous une écorce de Vigne, d'après M. Balbiani.

de huit jours environ, si le thermomètre marque au moins 10° centigrades, un peu plus tôt pendant la saison chaude, de petits insectes de couleur jaune. Ceux-ci témoignent d'abord d'une grande agitation, mais lorsqu'ils ont trouvé sur cette racine ou sur une racine contiguë une place à leur convenance, ils s'y fixent pour sucer la plante, et croissent très rapidement en effectuant trois mues. Au bout de douze à quinze jours en moyenne, ils pondent comme avaient fait leurs mères, sans l'intervention d'aucun mâle, de nouveaux œufs, trois à six par jour, suivant la température ; la ponte s'arrête lorsque la température du sol s'abaisse au-dessous de 10° centigrades.

Si l'on songe qu'une de ces femelles, avant de mourir, pond pendant environ quarante-cinq jours ; qu'elle aura ainsi déposé sur les racines plus de deux cents œufs ; que cinq à huit générations se succèdent ainsi durant l'été, la multiplication de ces parasites n'éprouvant aucune interruption, on constatera qu'après le développement de toutes ces générations successives, plusieurs milliards d'insectes peuvent émaner, dans le cours d'un été, d'une seule femelle qui a passé l'hiver. « J'ai calculé, dit M. Barral, combien mille œufs de Phylloxera pouvaient couvrir de surface au bout d'une année ; eh bien, les produits de mille œufs couvriraient la surface d'un hectare, en les mettant bout à bout, côte à côte, serrés les uns contre les autres. Supposez en plusieurs dizaines ou plusieurs centaines de mille et vous comprendrez avec quelle prodigieuse rapidité le fléau se répand partout, dévore tout. »

Parmi les dernières générations, on remarque des pucerons isolés d'un aspect un peu différent, étant plus allongés, qui vont avoir le privilège de subir une quatrième mue. La face dorsale de leurs anneaux est alors pourvue de verrucosités disposées en rangs, qui se trouvent à peine indiquées chez les autres ; la tête est plus petite, l'article terminal des antennes est plus long et le thorax porte des rudiments d'ailes. Elles se rapprochent de la surface, et là, après une dernière et cinquième mue, apparaissent sous la forme ailée ; les quatre ailes, qui reposent à plat sur le corps et qui se prolongent au-delà, sont pourvues de nervures relativement fortes (fig. 30); les ailes antérieures présentent deux rameaux obliques issus de la nervure marginale, et le rameau postérieur offre une simple bifurcation; les ailes postérieures ont une nervure marginale simple, dépourvue de rameaux (fig. 30). Ces pucerons, ailés et pourvus d'un rostre plus court que les individus souterrains, qui sont aussi des femelles, se développent plus lentement que les aptères et jouissent, à l'état de larves, d'une mobilité plus grande; ils abandonnent, en effet, les racines un peu avant leur dernière mue et grimpent à la partie supérieure de la Vigne pour achever leur évolution au-dessus du sol.

Les Phylloxeras pourvus d'ailes peuvent être emportés par les vents à des distances bien plus éloignées de leur lieu de naissance que celles qu'ils auraient franchies de leur plein gré, même à des centaines de kilomètres.

On n'avait pas remarqué tout d'abord ces insectes ailés; en 1875, M. P. Boiteau appela l'attention sur eux et découvrit leur lieu de ponte, ce qui permit à M. Balbiani d'observer le mode d'évolution ultérieur de ces intéressants parasites. Chacun d'eux pond, en moyenne, quatre œufs indifféremment sur les diverses parties du pied de Vigne, aussi bien sur les feuilles au niveau de la bifurcation des nervures que sur les bourgeons, les branches et le pied du cep; si la saison est avancée, il se loge sous les écorces exfoliées pour déposer ses œufs, puis il succombe. Par leur forme et par leur disposition générale, ces œufs diffèrent de ceux qu'on trouve sur les racines; on en distingue de deux tailles différentes. Ceux qui mesurent $0^{mm},23$ et $0^{mm},15$, suivant leurs deux axes principaux, donnent issue, dans un bref délai, à des femelles aptères propres à la fécondation ; les plus petits, qui mesurent 0^{mm},28 et 0^{mm},12, fournissent les mâles, moins nombreux et aptères ; ainsi que l'a constaté M. Balbiani, un mâle unique peut, comme chez certains pucerons, féconder deux femelles ; privé de suçoir et d'appareil digestif, les organes de la génération sont seuls très développés et gorgés d'éléments reproduc-

FIG. 32. — Vieille racine de Vigne couverte de Phylloxeras en hibernation, de grandeur naturelle.

teurs. La femelle, vivace, qui grimpe çà et là comme en quête d'un endroit propice, mesure 0^{mm},38 de long et 0^{mm},15 de large ; elle est un peu plus allongée que les femelles qui habitent les racines, et s'en distingue par sa couleur jaune clair, par l'atrophie de son rostre et de tous les organes digestifs. Son abdomen renferme un œuf unique qui le remplit entièrement et qui empiète même sur le thorax, c'est ce qu'on appelle l'*œuf*

d'hiver, suivant l'expression heureuse choisie par le
professeur Balbiani lors de ses recherches sur le Phyl-

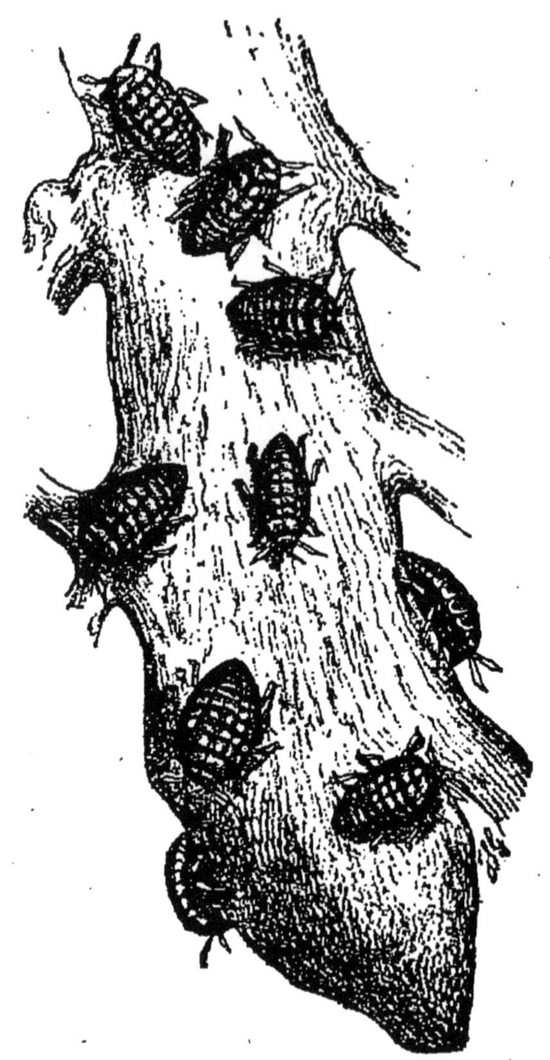

Fig. 33. — Radicelle couverte de Phylloxeras, vue à la loupe.

loxera du chêne. Il est pondu dans la partie postérieure
des petits tunnels communiquant entre eux, résultant de
la séparation qui se fait entre l'écorce ancienne et jeune,
et révèle d'une manière sûre l'âge de la Vigne. M. Boi-

teau n'a pu découvrir aucun de ces œufs sur le bois
des Vignes âgées de plus de dix à douze ans. A côté

Fig. 34. — Phylloxera en train de sucer
la sève, vu de profil.

Fig. 38. — Pièces perfo-
rantes séparées.

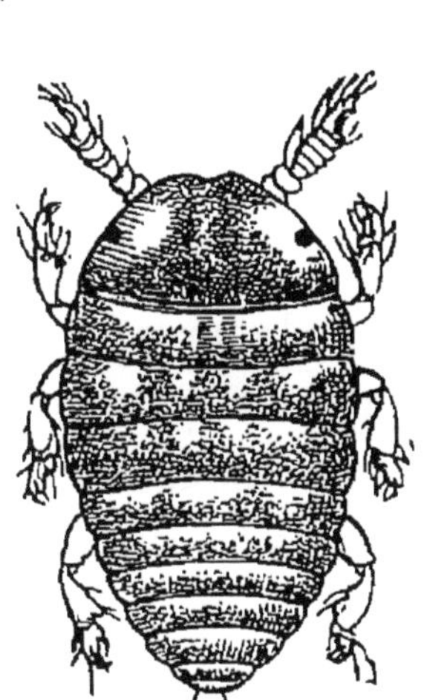

Fig. 35. — Phylloxera,
vu en dessus, très
grossi.

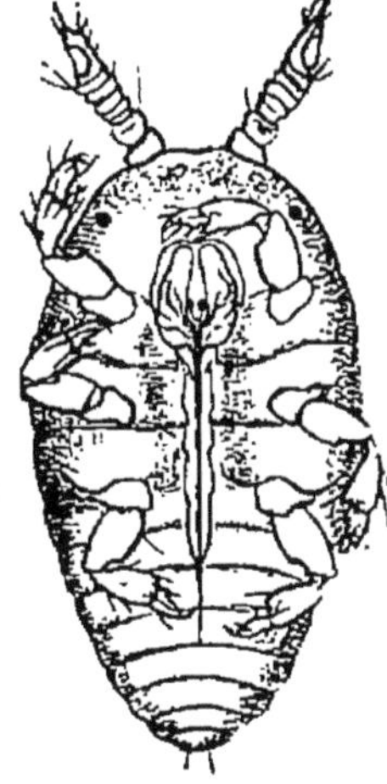

Fig. 36. — Phylloxera,
vu en dessous, très
grossi.

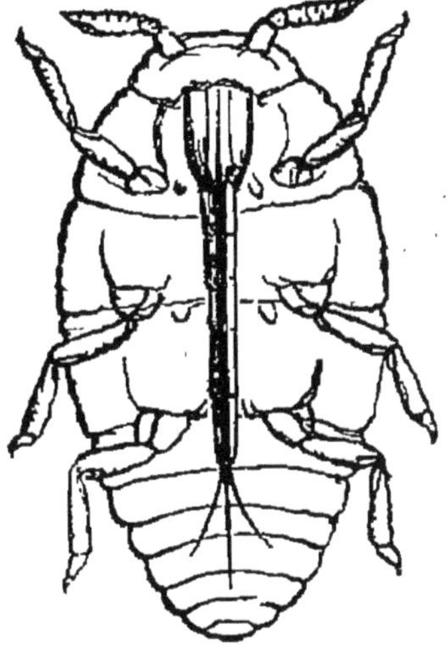

Fig. 37. — Phylloxera,
vu en dessous *.

Fig. 34 à 38. — Le Phylloxera des racines
individus parthénogénésiques aptères.

des œufs féconds se trouvent déposés aussi des œufs
stériles dont la teinte reste d'un jaune transparent et

* Pour montrer le rostre (lèvre inférieure) et les pièces buccales per-
forantes (mandibules et mâchoires dans leur position normale.)

qui, au bout de quelques jours, sont recroquevillés; les premiers, pendant ce temps, perdent leur couleur jaune initiale et prennent assez vite une couleur vert olive parsemée de taches un peu plus sombres (fig. 31, p. 84). Ils sont cylindriques, arrondis aux extrémités, de $0^{mm},21$ à $0^{mm},28$ de long sur $0^{mm},10$ à $0^{mm},13$ d'épaisseur, et, par la taille, tiennent le milieu entre l'œuf mâle et l'œuf femelle du Phylloxera ailé; ils se trouvent fixés au plancher, au plafond, ou aux parois latérales des galeries (fig. 31, p. 84).

M. Balbiani avait trouvé plusieurs insectes sexués sur les racines, et cette observation l'avait conduit à admettre également une procréation sexuelle souterraine. D'après les observations de M. Boiteau, il est probable que le mauvais temps seul avait fait descendre ces insectes depuis les parties aériennes de la Vigne jusqu'aux organes de la plante abrités par la terre.

Au printemps, chaque œuf fournit un Phylloxera aptère absolument semblable à ceux que nous avons décrits sur les racines au commencement de cet exposé. Tel est le cycle évolutif du Phylloxera de la Vigne, l'observation est venue précisément confirmer les hypothèses qu'on pouvait baser sur l'analogie de cet insecte avec le Phylloxera du chêne.

Nous signalerons, en terminant, un phénomène qui n'est pas encore suffisamment éclairci. En faisant l'historique de l'introduction du *Phylloxera* en Europe, nous avons fait remarquer que dans les endroits infestés, certains ceps malades présentaient à la face inférieure des feuilles un grand nombre de galles caractéristiques; ces excroissances s'observent plus spécialement dans

FIG. 39. — Rameau de Vigne couvert de galles sur les feuilles *a*, sur les vrilles *b*, sur les tiges *c*, grandeur naturelle.

certaines régions isolées de la France, mais plus communément en Amérique. Ces galles (fig. 39) ressemblent

FIG. 40. Ouverture d'une galle à la face supérieure d'une feuille, très grossie.

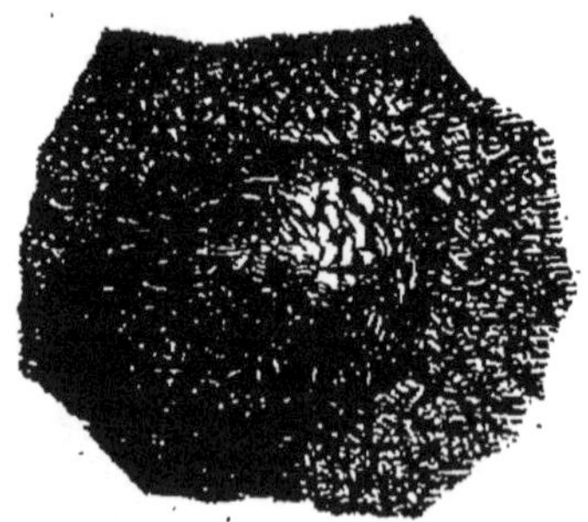

FIG. 41. —Galle à la face inférieure d'une feuille, très grossie.

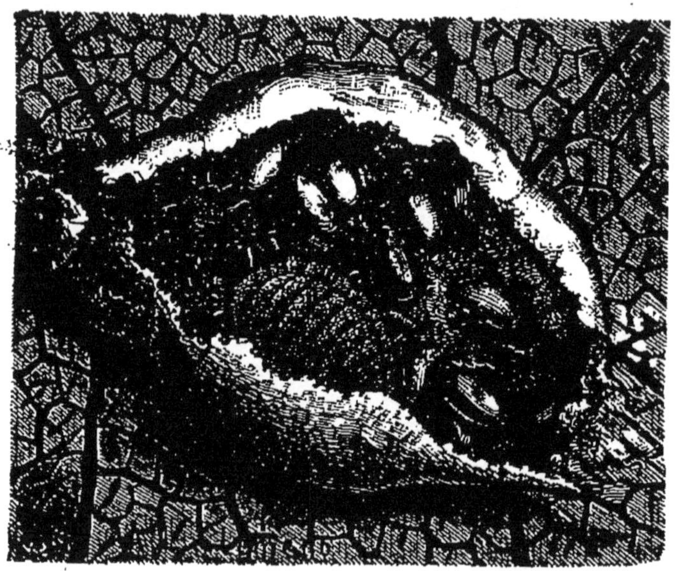

FIG. 42. — Galle ouverte pour montrer les œufs, les jeunes et une mère parthénogénésique pondant, fort grossissement.

beaucoup aux excroissances produites sur diverses autres plantes par l'*Acarus des galles (Phyloptus vitis)* qu'on a peu étudié jusqu'ici ; elles sont situées généralement sur les feuilles (fig. 39, *a*), mais elles se forment aussi bien sur les pétioles, sur les vrilles (fig. 39, *b*) et sur les petites branches vertes des feuilles

FIG. 43. — Œuf, grossi.

FIG. 44. — Œuf avec embryon développé, gr.

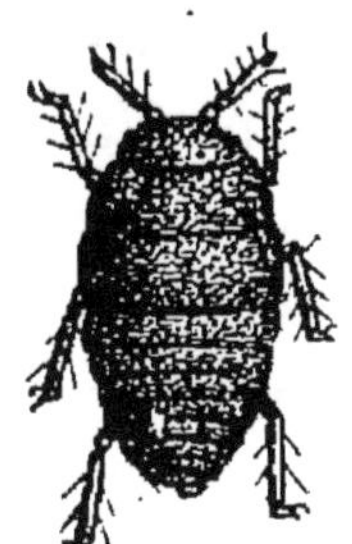

FIG. 45 et 46. — Jeunes Phylloxeras correspondant aux individus radicicoles, vus en dessus et en dessous, grossis.

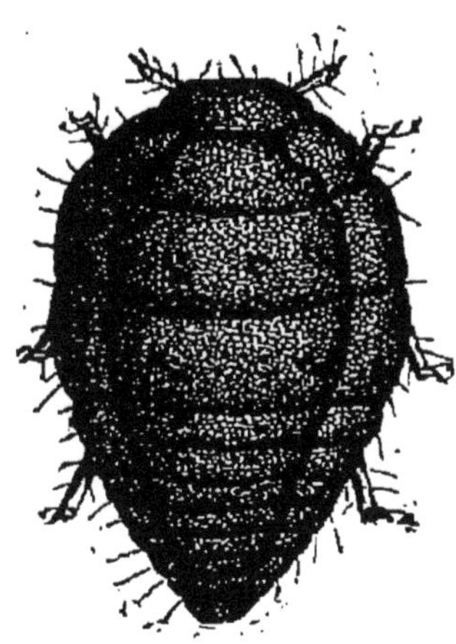

FIG. 47 et 48. — Mères parthénogénésiques pondeuses, vues en dessus et en dessous, grossies.

(fig. 39, *c*); elles s'ouvrent à la face supérieure et s'élargissent inférieurement en forme de vésicule plate; elles sont garnies à l'extérieur et à l'intérieur d'une foule de prolongements touffus. La cavité renferme un Phylloxera aptère (fig. 39, 47, 48), quelquefois deux ou trois; à côté, se trouve une génération d'œufs ou d'insectes jeunes (fig. 39, 43, 44, 45, 46), disposés absolument comme ceux qu'on observe sur les racines. De tous côtés, les preuves expérimentales, ainsi que nous l'avons dit précédemment, abondent, pour établir que l'on n'a pas affaire ici à un autre insecte qu'au *Phylloxera vastatrix*, mais personne n'a encore indiqué la signification de cette dualité biologique, n'a découvert le motif qui détermine celui ci à être gallicole, celui-là radicicole. De même que la mauvaise saison repousse les insectes sexués vers l'intérieur, peut-être des circonstances locales inconnues jusqu'ici déterminent-elles ces parasites à abandonner les racines pour élire domicile sur les feuilles.

Ces Phylloxeras aptères des galles correspondent aux Phylloxeras aptères des racines et se multiplient comme eux par parthénogénèse ; quelques-uns de leurs descendants se métamorphosent en nymphes, puis en insectes ailés qui donnent naissance à la génération sexuée (Kunckel).

§ V. — Dégâts

Les dégâts causés par les Phylloxeras dans un vignoble sont déjà grands lorsqu'on soupçonne la présence de l'ennemi ; au milieu des Vignes luxuriantes et chargées de pampres du plus beau vert, on aperçoit des emplacements plus ou moins étendus qui présentent un aspect tout particulier : au centre, des ceps privés de feuilles, aux sarments rabougris, sont morts, puis une ceinture plus ou moins étendue de ceps au feuillage jaunâtre ou rougeâtre, ayant leur livrée automnale, enfin des ceps à la végétation normale. Ces emplacements constituent ce que l'on a nommé dès l'origine des *taches*. C'est la

présence des taches qui indique la marche de l'invasion
phylloxerique. D'année en année, la tache s'agrandit,
la récolte diminue, le nombre des ceps attaqués mortel-
lement augmente, et, en trois, quatre ou cinq années,
suivant les conditions du sol, suivant la latitude, suivant
les conditions climatériques, les plus beaux vignobles
ont disparu.

Étudions en détail la funeste action du Phylloxera.
Cette action sur les ceps dont les racines sont attaquées
se révèle en général extérieurement pendant la seconde
année par l'aspect particulier des feuilles qui jaunissent
prématurément, s'enroulent sur leurs bords, tombent.
Les ceps ainsi affectés demeurent en retard sur les
Vignes saines qui les entourent pendant le printemps
suivant, leurs pousses sont plus courtes, leurs grappes
sont plus petites et leurs grains, qui mûrissent mal, ont
une saveur aqueuse. En examinant les racines, on
remarque des renflements ou nodosités, de forme irré-
gulière et cependant toujours allongés (fig. 49), situés
aux extrémités des filaments et des ramifications plus
fines, ou bien on trouve des déformations analogues sur
le trajet même des racines plus grêles; ces lésions
décèlent avec certitude la présence des Phylloxeras.
C'est leur succion qui provoque ces déformations, le
plus souvent au début de l'été, alors qu'après le sommeil
d'hiver le besoin d'alimentation se fait le plus vivement
sentir. Des taches jaunes ressemblant à un semis de
grains de pollen occupant les sièges indiqués révèlent
la présence de ces parasites, qu'on y distingue même à
l'œil nu lorsqu'ils reposent en masses serrées. Avec le
temps, les radicelles nutritives si indispensables à la

plante pourrissent avec leurs renflements ; les racines plus fortes commencent également à pourrir ; l'écorce pend sous forme de lambeaux, et déjà le parasite a d'ordinaire exploré les alentours en tous sens, en quête de racines encore saines. C'est pourquoi ce fléau s'étend

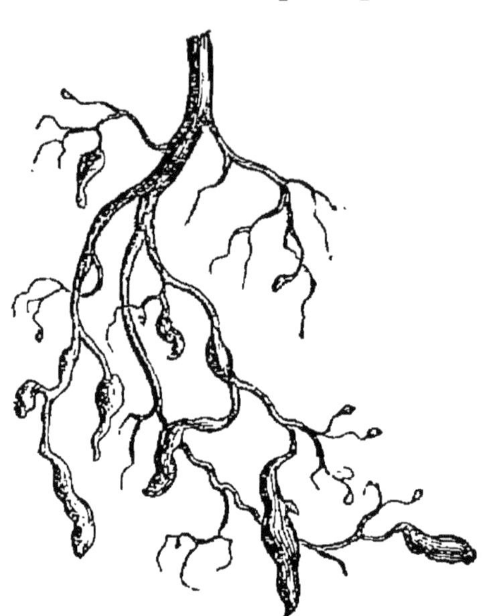

Fig. 49. — Renflement des radicelles.

d'habitude en cercles toujours grandissants autour d'un point infesté. La résistance que certaines Vignes américaines, moins éprouvées que nos plantes indigènes, opposent à cette maladie, tient à la propriété qu'ont ces espèces de développer leurs racines avec une rapidité extraordinaire. (Kunckel.)

§ VI. — Conséquences économiques de l'invasion phylloxerique

Nous avons suivi la marche de l'invasion la carte à la main, nous avons étudié le Phylloxera sous toutes ses formes et constaté son mode d'évolution, nous avons reconnu quelle était la nature des altérations qu'il détermine sur la Vigne, et comment il entraînait par épuisement la mort des ceps ; examinons maintenant les conséquences économiques de la destruction des vignobles.

Il y a vingt-cinq ans, partout où l'on cultivait la Vigne, régnait l'aisance et même la richesse ; propriétaires et vignerons, vivaient de la manutention et du commerce des vins. Aujourd'hui le Phylloxera amène partout avec lui la ruine et la misère. Écoutons les appréciations des juges les plus impartiaux.

« La ruine et la misère atteignent, dit Barral [1], la masse de la nation, le populaire, la classe ouvrière, atteignent aussi quelque chose d'éminemment respectable, la classe des propriétaires. Dans des villages où tout le monde était à l'aise, où l'on rencontrait une population très dense, aujourd'hui la gêne est partout, et les habitants émigrent ; on n'a plus d'ouvrage, on va chercher fortune dans le Nouveau-Monde, un peu en Algérie, pour ne pas mourir de faim en France. Je me souviens d'être passé, il y a quelques années, au mois de septembre, dans l'arrondissement de Montpellier ; c'était le moment de la vendange, tout le monde chantait dans les villages ; une foule énorme de vendangeurs était descendue des montagnes des Cévennes ; partout de nombreuses voitures chargées de raisins, les hommes travaillaient quelques heures et gagnaient 10 à 12 francs ; j'y suis retourné, il y a deux ans, à la même saison ; les maisons étaient fermées ; rien dans les rues, pas un ouvrier ; la désola-

____

[1] Barral, *Conférences sur le Phylloxera*, 1882.

J. BEL, Les Maladies de la Vigne.   6

tion la plus complète; pas un homme n'était descendu
des montagnes, non seulement à l'époque de la vendange,
mais au moment où l'on donne ordinairement des façons
à la Vigne. C'est une perte incalculable, d'abord pour
le département, puis pour toutes les régions voisines.

« Et maintenant, quand je considère les familles de
propriétaires, combien en ai-je vues de riches, de million-
naires et qui n'ont plus absolument rien ! J'ai connu une
veuve qui avait perdu son mari de bonne heure et qui
avait admirablement élevé ses filles. Elle avait un grand
domaine en Vignes qu'elle avait voulu agrandir; elle
avait voulu créer un vaste cellier, des pressoirs perfec-
tionnés; elle n'avait pas tout l'argent nécessaire, elle
se disait : C'est si beau ! Je vais gagner en quelques
années la fortune de mes filles ! Et elle avait emprunté
100.000 francs pour construire. Le Phylloxera est apparu; la Vigne a décliné; les échéances sont arrivées,
fatales ; son domaine qui valait 600.000 francs n'a
pas été vendu 100.000 ; non seulement elle n'a rien
eu, mais elle est restée avec des dettes. Lorsqu'on voit
ces familles qui viennent vous raconter leurs douleurs,
qui vous disent dans quel état elles sont réduites, on
trouve qu'il y a quelque chose à faire pour les viticulteurs
qu'a frappés cette misère imméritée due à un fléau inat-
tendu. »

« La question viticole se présente, écrit M. Marion [1],
avec un caractère de gravité qui ne peut échapper à l'esprit de nos gouvernants. La crise frappe le petit viticulteur, et elle est susceptible de modifier profondément le

---

[1] Marion, *Application du sulfure de carbone.* Rapport de 1882.

régime de la propriété territoriale. On se félicite en France de l'état social créé par le morcellement du sol. On doit avoir à cœur de maintenir cette situation en protégeant la petite culture.

« Jusqu'ici la Vigne restait en dehors de toute atteinte. La valeur de la récolte était assez élevée et la concurrence étrangère demeurait impuissante. La plante s'accommodait de soins culturaux assez simples, et tous les pays vignobles jouissaient d'une prospérité extraordinaire à laquelle chacun trouvait son bénéfice. Tout est changé aujourd'hui. La viticulture était pour ainsi dire la dernière des industries agricoles primitives donnant des résultats lucratifs sans efforts considérables. Elle est maintenant rudement frappée, et ses ruines ne peuvent être réparées qu'à l'aide de méthodes nouvelles. Il suffisait autrefois de quelques façons et de maigres fumiers. Tout allait bien avec une bonne et vieille routine. A ces pratiques anciennes, il faut dorénavant, ainsi que nous allons le voir, adjoindre des traitements insecticides. Il convient de se préoccuper de la nature physique ou chimique du sol, de l'emploi de produits nouveaux, du maniement d'appareils. Sans doute, tout cela rentre dans la catégorie des travaux agricoles scientifiques ; mais n'est-ce point trop, pour le petit propriétaire voué aux anciens errements? Il faut bien reconnaître que toutes les méthodes insecticides, submersion et traitements sulfo-carboniques sont peu propres à conquérir les faveurs du petit viticulteur. Il ne possède ni les avances ni les connaissances techniques nécessaires au succès. Il ne se rend pas exactement compte de la question qu'il aurait à résoudre.

« L'avenir ne paraît favorable en viticulture qu'aux grandes propriétés territoriales qui ne peuvent manquer de se constituer en absorbant les petites. Nous savons bien qu'en une foule de cas des cultures spéciales peuvent venir en aide au petit paysan, mais, d'une manière générale, la crise persiste. Elle n'est peut-être pas imminente, on doit toutefois s'en préoccuper. On n'évitera pas la formation de grandes sociétés d'industrie agricole; la réalisation de ces sociétés est même souhaitable en ce qui se rapporte particulièrement à la viticulture, car elle peut préparer, par la puissance de l'exemple, la constitution de syndicats de petits propriétaires usant au besoin d'un personnel technique et bénéficiant des procédés nouveaux. A ce point de vue, il importe que le législateur établisse des règles visant les syndicats agricoles qui n'ont pas une personnalité juridique suffisamment déterminée ni efficacement protégée. » (Marion).

§ VII. — Procédés pour combattre le Phylloxera

Il n'est pas d'esprit ingénieux et soucieux des intérêts viticoles, alléché du reste par l'appât d'une prime de 300.000 francs, qui n'ait songé à trouver un moyen de détruire le terrible puceron; aussi ne faut-il pas s'étonner que des milliers de procédés de destruction aient été proposés; mais la plupart ne reposaient que sur l'empirisme et sont tombés justement dans l'oubli; il était avant tout nécessaire de connaître l'histoire biologique du Phylloxera pour songer à l'attaquer efficacement; on l'oubliait. Ce n'est que du jour où l'on a connu dans toutes ses phases sa vie évolutive que des méthodes rationnelles de traitement des Vignes atteintes ou des procédés préventifs ont pu être mises en œuvre.

A l'origine, un procédé radical semblait devoir arrêter irrévocablement l'invasion; beaucoup de bons esprits pensaient que la destruction des Vignes atteintes, et des Vignes entourant les taches, permettrait de s'opposer rapidement à la dispersion du Phylloxera. Mais la rapidité de l'invasion, l'ignorance où l'on était de savoir si le puceron ne respecterait pas les Vignes placées dans certaines conditions de sol et de climat, la nécessité d'une intervention législative énergique et prompte accordant un large droit d'expropriation et des indemnités rémunératrices, ont paralysé les premiers efforts. D'autre part, on s'est aperçu que le Phylloxera jouissait d'une vitalité extraordinaire, qu'il ne suffisait pas d'arracher les Vignes, des colonies entières de Phylloxeras continuant à vivre dix-huit mois et plus après l'arrachage, sur les radicelles qui restaient enfouies dans le sol, qu'il fallait non seulement brûler les ceps, mais empoisonner le sol pour tuer les ennemis cachés. A Prégny, en Suisse, en 1874, on pratiqua l'arrachage sur les premiers points d'attaque; il n'arrêta pas l'extension du fléau, en 1875, au voisinage des Vignes arrachées.

Devant les progrès de l'invasion, il fallut reconnaître que les espérances, fondées sur l'obstacle que présentait à la propagation du Phylloxera la constitution géologique de certains vignobles, étaient malheureusement vaines; les terrains calcaires, argileux, argilo-calcaires, granitiques, étaient envahis tour à tour; seuls les terrains absolument sablonneux se montrèrent rebelles à l'invasion; et les rares vignobles plantés dans un sol jusqu'alors délaissé continuent à prospérer. Ce fut une heureuse découverte qui entraîna une révolution économique ; c'est ainsi qu'autour d'Aigues-Mortes les vastes dunes improductives dont l'hectare valait à peine 100 ou 200 francs se couvrirent de ceps, et les 4 à 5000 hectares de Vignes aujourd'hui florissantes valent de 5 à 6000 francs l'hectare. Mais que le vigneron âpre au gain ne cherche pas à amodier ses terres ; l'apport de la moindre quantité d'argile, en changeant la constitution physique du sol sablonneux, permet au Phylloxera de se développer ; seuls les terrains au fond composé exclusivement de sable et de sable fin opposent au puceron des racines une barrière infranchissable.

Une remarque que chacun a pu faire, c'est que, parmi les rosiers cultivés dans les jardins, certaines variétés étaient couvertes de pucerons, tandis que d'autres n'en présentaient jamais ; n'était-il pas possible de trouver des espèces ou des variétés de *Vitis* que le Phylloxera dédaignerait ? S'il s'attaque à nos Vignes européennes et les mène à mal, agit-il toujours de même à l'égard des Vignes exotiques ? Évidemment non, puisqu'en Amérique, s'il tuait les Vignes importées d'Europe, il laissait vivre les Vignes indigènes. A la suite des observations de M. Risley sur les agissements du Phylloxera en Amérique, du voyage de M. Planchon aux États-Unis, il vint à l'idée des viticulteurs de Montpellier de propager les Vignes américaines ou autres reconnues réellement résistantes. Ne perdons pas, disaient-ils, un temps précieux à chercher de vains remèdes pour tuer le Phylloxera ? Appuyons-nous sur l'exemple que la nature nous fournit ; substituons à nos ceps, malheureusement condamnés à périr, des ceps exotiques que le redoutable parasite ne tue pas. Montpellier devint un centre de culture des Vignes américaines ; son École d'agriculture et ses viticulteurs les plus notables se mirent à l'œuvre, car il fallait étudier d'une part la résistance qu'offraient ces Vignes transplantées dans un climat différent et dans un autre sol, connaître quelle était la qualité des raisins qu'elles produisent, savoir si ces raisins étaient capables de fournir un vin potable.

Aujourd'hui l'expérience a démontré que parmi les Vignes américaines, les *Vitis æstivalis, riparia, rupestris, labrusca* donnent des cépages vraiment résistants ; la première espèce a des variétés, connues sous le nom de *Jacquez, Cunningham, Herbemont*, qui seules peuvent produire directement du vin susceptible d'être utilisé, nous ne disons pas consommé directement ; la seconde espèce et ses variétés *(Riparia sauvage, Solonis, Clinton, Taylor, Viala)*, la troisième (type sauvage), la quatrième et une seule variété *(York Madeira)* ne peuvent être utilisées que comme porte-greffes. Actuellement le greffage de la Vigne se pratique en grand, et permet de reconstituer des vignobles là où le Phylloxera a fait place nette.

Citons quelques passages d'un rapport que M. Armand Lalande, député de Bordeaux, a publié après avoir visité à l'automne de 1882 les principales plantations du Midi, et dans lequel il établit non seulement leur prospérité, mais les brillants résultats qu'elle fournissent dès leur essor. L'honorable député et MM. Lawton et Skawinski dont il était accompagné, n'ont pas inspecté moins de six vignobles plantés en Jacquez,

Clinton, Taylor, Riparia, tant pour la production directe que comme porte-greffes ; partout ils ont constaté une végétation luxuriante et une abondante fructification.

Nous tenons à citer textuellement le paragraphe que le président du congrès de Bordeaux consacre au domaine de Valantres, propriété de M. le comte de Turenne, et cela précisément parce qu'il est celui qui met le plus vivement en relief le succès des Vignes américaines dans le département de l'Hérault : « Les résultats sont splendides, dit M. Lalande ; la végétation fougueuse, la fructification énorme. Tous les pieds sont chargés de raisins magnifiques, extrêmement bien nourris, et la végétation si puissante que beaucoup de pousses avaient jusqu'à cinq mètres de longueur et même davantage. M. Molinier nous a dit ce que nous avions déjà entendu répéter par d'autres viticulteurs, que les Vignes françaises greffées sur des porte-greffes américains donnaient plus que par la production directe. Ainsi, dans le champ dont nous venons de parler, la production directe était autrefois de 150 à 160 hectolitres par hectare ; il estime que cette année elle atteindra 220 hectolitres, et cette appréciation ne nous paraît avoir rien d'exagéré. »

M. Armand Lalande est visiblement conquis aux cépages américains. Après avoir constaté que le Jacquez fait merveille dans le Midi, il reconnaît qu'il ne donnerait peut-être pas les mêmes résultats dans le Sud-Ouest ; il manifeste également une certaine indécision quand il s'agit de désigner la variété à utiliser comme porte-greffe dans la même région. « Le *Riparia* pourra probablement être employé partout avec avantage, mais il est possible que, dans certains terrains, le *Viala* et le *Solonis* réussissent mieux encore. »

Ces réserves sont évidemment fort sages, car on est encore loin de connaître les conditions de climat et de sol, favorables à toutes ces variétés de Vignes exotiques ; le temps n'a point encore fait son œuvre. Citons un exemple à l'appui. M. E. Raymond, propriétaire à Sainte-Eulalie d'Eymer, reconnut en 1875 que ses Vignes étaient attaquées. Il essaya des insecticides sans parvenir à conjurer le fléau, et décidé à user des cépages d'outre-mer, il planta un millier de *Clintons*. Pendant les deux premières années, ses boutures prospérèrent ; à la troisième la végétation s'arrêta, les pampres devinrent chétifs et rabougris ; cette variété succombait sous les atteintes du Phylloxera comme notre Vigne indigène.

Cependant, en visitant sa plantation défaillante, le propriétaire découvrit une soixantaine de ceps dont la vigueur exubérante tranchait très curieusement sur la défaillance des *Clintons*, et dont le feuillage ne ressemblait en rien à celui de ces derniers ; il en soumit des échantillons à MM. Millardet et Champin, qui reconnurent un hybride de *Riparia* sauvage et de *Rupestris*, véritable type d'immunité au Phylloxera. C'est avec ces porte-greffes et quelques autres variétés que M. Raymond a entrepris de reconstituer son vignoble. Jusqu'à présent, il n'a pas vu se renouveler les déceptions qu'il devait au *Clinton* et, s'appuyant sur cette expérience de trois années, il engage ses confrères à l'imiter.

Si les partisans de la transaction avec l'ennemi sont

nombreux, les partisans de la lutte à outrance ne sont pas moins ardents à la besogne ; mais il est évident qu'il y a contradiction ; les premiers ne vont-ils pas fournir à perpétuité des colonies de Phylloxeras à ceux qui auront réussi à sauver leurs cépages indigènes, les obliger à soutenir de continuels assauts, les contraindre à pratiquer chaque année un traitement antiphylloxérique, et par conséquent les grever de frais de manipulations et de main-d'œuvre dispendieux ?

Quels sont donc les procédés qui peuvent réellement être préconisés pour sauver la Vigne des atteintes du Phylloxera ?

Le premier des viticulteurs auquel on est redevable d'une méthode rationnelle pour détruire le Phylloxera est M. Faucon. Après avoir constaté expérimentalement que les pucerons des racines et leurs œufs enfermés dans des tubes périssaient après 40 et 45 jours d'immersion dans l'eau, il eut l'idée de submerger pendant l'hiver ses vignobles placés non loin du canal des Alpines ; la réussite fut complète et sa propriété sauvée de la ruine. Cette propriété du Mas de Fabre, à Graveson, d'une contenance de 23 hectares, donnait en 1868, première année d'invasion, 40 hectolitres, la deuxième 35 ; submergée, sa production remonte en 1870 à 120 hectolitres ; submergée et fumée, en partie, elle s'élève à 550 hectolitres et suit toujours une marche ascensionnelle, interrompue seulement par les gelées printanières, ainsi que l'indique le tableau suivant :

3ᵉ année de submersion..	869 hectolitres.
4ᵉ — — (gelée). . .	635 —
5ᵉ — —	1135 —
6ᵉ — —	2680 —

7e année de submersion (gelée). . . 507 hectolitres
8e — — . . . . 2235 —
9e — — (gelée). . . 1135 —
10e, 11e et 12e (1879 à 1881) . 1500 à 2200 —

La submersion aujourd'hui a fait ses preuves, et même lorsqu'on est obligé d'acheter l'eau des compagnies concessionnaires de canaux, ou de recourir à l'emploi d'une force motrice pour élever l'eau, elle ne grève pas le viticulteur de frais considérables; on estime la dépense à 200 ou 250 francs par hectare, mais la récolte rapportant 2000 à 2500 francs par hectare n'est-on pas largement rémunéré? On peut affirmer avec certitude que tous les vignobles submersibles peuvent être sauvés des atteintes funestes du Phylloxera, même en pays ravagé.

Malheureusement, les vignobles situés dans les plaines basses ne constituent qu'une faible partie du territoire planté en Vignes; tous les crus supérieurs sont situés sur le penchant des collines; comment sauver ceux-ci des atteintes de l'ennemi?

On doit à M. Paul Thénard d'avoir proposé l'emploi d'un puissant insecticide, le sulfure de carbone; mais ce ne fut pas sans difficulté que l'on put trouver les moyens d'introduire dans le sol ce liquide éminemment volatil, d'autant mieux qu'on agissait empiriquement sans étude préalable, — et surtout que l'on réussit à faire accepter des vignerons l'emploi de cet ingrédient nauséabond, éminemment inflammable, dont le prix de revient était à l'origine assez élevé. Cependant les résultats des expériences entreprises en 1876, par M. Marion, professeur à la Faculté des sciences de Marseille, furent assez satisfaisants pour déterminer le directeur général de la Compagnie des chemins de fer de Paris à Lyon et à la Méditerranée, Paulin Talabot, à favoriser l'emploi du sulfure de carbone dans la grande culture.

« Il faut rendre hommage à M. Talabot, rapporte M. Barral; c'est lui qui a été l'instigateur et l'âme de toute cette organisation à laquelle 10.000 hectares de Vignes doivent dès aujourd'hui leur salut. L'outillage, dont Talabot a provoqué la création, est aujourd'hui demandé dans le monde entier; il va en Russie, en Italie, en Espagne, partout où l'on rencontre le Phylloxera, même en Amérique, car les Américains commencent à traiter quelques-unes de leurs Vignes[1]. »

Laissons la parole à M. Marion lui-même; l'habile expérimentateur sera plus à même de nous instruire que qui que ce soit[2].

« Un service spécial, chargé de répondre aux demandes des viticulteurs, était en fonction à Marseille dès 1877. La fabrication du sulfure de carbone était activée par des marchés importants; les instruments nécessaires à son emploi très ingénieusement et très simplement imaginés par notre premier collaborateur, M. Gastine, étaient livrés aux propriétaires. Malgré la réputation faite au sulfure de carbone pur, les viticulteurs, revenant peu à peu sur leur première impression, firent un excellent accueil aux offres de la Compagnie de Paris-Lyon-Méditerranée.

« Celle-ci garde sans conteste l'honneur d'avoir pro-

[1] Barral, *Conférence sur le Phylloxera*, Paris, avril 1882.
[2] Marion, *Application du sulfure de carbone au traitement des Vignes phylloxerées*. Rapport sur les travaux des années 1880 et 1881, Paris, 1882.

voqué ce mouvement qui, depuis 1877, s'est dessiné toujours d'une manière plus vive, et dont l'effet le plus direct aura été de ramener aux intérêts réels de la viticulture française, si cruellement éprouvée, les pouvoirs publics hésitants, et de ranimer le courage des propriétaires qui déjà renonçaient à la lutte ou demeuraient désarmés en face d'une invasion prochaine.

« Dans cette première campagne de 1877, du 1er janvier au 30 septembre, 1085 barils de 100 kilogrammes furent livrés aux viticulteurs, et malgré toutes les imperfections d'une méthode à son début, malgré toutes les difficultés d'un service si complexe, alors qu'il s'agissait non seulement d'expédier sur tout le réseau français le sulfure de carbone et les appareils, mais encore de dresser un personnel de moniteurs, d'initier divers fonctionnaires aux questions phylloxeriques et de guider les propriétaires, malgré toutes les causes inévitables d'erreur ou d'irrégularité dans les opérations culturales se rapportant à des régions, à des sols, à des vignobles si divers, les résultats obtenus furent assez satisfaisants pour augmenter le nombre des adhérents et pour amener des conversions précieuses. En 1878, dans la deuxième campagne, du 1er octobre 1877 au 30 septembre 1878, le nombre des barils de sulfure de carbone employés avait doublé, et l'association viticole de Libourne, qui a rendu de si grands services, renonçait à ses mélanges de sulfure de carbone et de coaltar, se ralliant à la méthode préconisée par la Compagnie Paris-Lyon-Méditerranée. Ce succès indiscutable aux yeux de celui qui n'a pas oublié l'état de la viticulture et de la question phylloxerique en 1875, est dû à l'activité de l'éminent inspecteur, M. de Lamolère, qui fut chargé, en 1877, d'entrer en rapports administratifs avec les propriétaires, à l'intelligence et au zèle de nos collaborateurs, MM. Mazel, Cotta et surtout à M. Gastine, qui nous fut associé dès 1875. Il nous est doux d'avoir à rendre ici ce témoignage.

« Deux de nos collaborateurs, MM. Gastine et Cotta, ont été délégués par le ministère de l'agriculture pour diriger ces travaux dans l'est et le sud de la France.

« Si les opérations destinées à arrêter la progression de l'insecte ont été bientôt reconnues inefficaces à la suite de recherches qui ont fait regretter que la lutte n'ait pas été engagée dès l'année de la découverte du Phylloxera dans la vallée du Rhône, du moins l'énergique attitude du gouvernement a eu pour effet direct de ranimer le courage des propriétaires frappés par le fléau, et l'institution de syndicats subventionnés par l'État est venue bientôt activer les opérations. Les services de la Compagnie Paris-Lyon-Méditerranée sont restés en ces diverses circonstances à la disposition de l'administration de l'agriculture et des viticulteurs, de telle sorte que les expéditions de sulfure de carbone faites par la gare de Marseille ont suivi, de 1877 à 1881, la rapide progression que nous retracent les chiffres suivants.

« Du 1er octobre 1877 au 30 septembre 1878, 2382 barils de 100 kilogrammes.

« Du 1er octobre 1878 au 30 septembre 1879, 3230 barils de 100 kilogrammes.

« Du 1er octobre 1879 au 30 septembre 1880, 8907 barils de 100 kilogrammes.

« Du 1ᵉʳ octobre 1880 au 30 septembre 1881, 14.149 barils de 100 kilogrammes.

« On le voit, le sulfure de carbone, tant décrié à la suite des expériences de Bordeaux et de Montpellier, s'est rapidement vulgarisé, grâce à la Compagnie de Paris-Lyon-Méditerranée, et il est légitime de faire remarquer que l'influence du service technique, institué à Marseille, n'a pas été bornée aux régions viticoles françaises, puisque c'est sous son inspiration, d'après son exemple ou avec son concours qu'ont été exécutés les traitements insecticides par le sulfure de carbone pur, entrepris par le Portugal, l'Espagne, l'Italie, la Suisse, l'Autriche, l'Allemagne et, tout dernièrement encore, par la Russie, dans ses vignobles de la Crimée, sous la direction du conseiller Danilewsky, et avec l'aide d'un moniteur de Marseille.

« Bien plus, les viticulteurs américains eux-mêmes, entraînés par l'exemple, ont expérimenté dans les États-Unis les opérations sulfo-carboniques qui semblent aussi avoir poursuivi le parasite de la Vigne dans toutes les régions qu'il occupe et jusque dans son pays d'origine.

« On comprend que des travaux si nombreux et si variés, en ce qui touche aux circonstances de leur exécution, aient dû exactement nous faire connaître la valeur du procédé, nous montrant ses points faibles et nous fixant définitivement sur ce que nous devons exiger de lui. Il serait injuste de ne point accorder que le Comité de la Compagnie de Paris-Lyon-Méditerranée ait ainsi largement contribué à une solution satisfaisante de la terrible crise que subit la viticulture. Il n'a pas eu la prétention de poursuivre la recherche d'une méthode d'une application générale.

« Le problème offre une telle complexité qu'il est légitime de penser à des solutions diverses. Nous en recherchons une et nous avons le droit de dire que dans cette voie nos espérances se sont réalisées.

« La valeur des applications de sulfure de carbone pur est aujourd'hui parfaitement connue. Nous pouvons, dans la plupart des cas, à l'aide de cet agent insecticide, maintenir la production de la Vigne française. Nous n'avons aucune peine à déclarer que dans des sols fortement argileux, et surtout dans des terres très peu profondes, le sulfure de carbone ne produit que des effets partiels nécessitant des efforts de traitement et des augmentations de dépenses dont la Vigne peut ne pas être susceptible.

« Si nous avions à choisir nos points d'opérations, nous éviterions toujours de telles conditions et nous réserverions ces stations où la Vigne française ne végète même que faiblement, à des essais d'une autre nature, tels que ceux poursuivis par les partisans de cépages exotiques.

« Mais dans les sols profonds, riches et légers, dans les points où la Vigne française peut être soumise à une culture intensive ou dans les grands crus, nous n'hésitons pas à dire que nous pouvons et devons avoir recours aux agents insecticides. Nous savons aujourd'hui qu'il nous est possible, au prix de soins nouveaux, de maintenir nos anciens cépages.

« Le sulfure de carbone a montré ce qu'il pouvait produire, qu'on nous permette de l'indiquer en exposant les résultats financiers d'une campagne qui semble déjà ancienne.

« Durant l'hiver 1879-1880, le syndicat viticole de Béziers traitait par le sulfure de carbone 2188 hectares.

« En 1880, les champs traités par le syndicat de Béziers ont donné une production moyenne de 80 hectolitres à l'hectare, soit un total de 175.040 hectolitres.

« Il s'agit de plantations d'Aramons, de Carignanes ou de Petits-Bouschets dont la moitié au moins aurait été perdue si le sulfure de carbone n'avait été employé. Le président du syndicat lui-même n'hésitait pas à attribuer à la méthode insecticide les 87.520 hectolitres représentant cette moitié de récolte.

« Nous estimons que dès aujourd'hui la grande culture des Vignes françaises peut être reprise dans les bons sols, pourvu que l'on fasse un emploi intelligent du sulfure de carbone. Si nous avions à diriger une grande exploitation de ce genre, nous n'hésiterions pas un instant.

« Nous avons vu tous les points faibles du système, nous avons eu à cœur de nous instruire en multipliant les travaux difficiles dans des situations défavorables.

« Nous renoncerions à lutter dans les mauvaises terres, dans les argiles sèches des coteaux ; nous sacrifierions peut-être, sur un champ de 100 hectares, 1 hectare, où les foyers seraient contenus ou éteints par des opérations intensives ; mais nous sommes convaincus de l'excellence des résultats que nous obtiendrions.

« Si ce vignoble contenait encore des Vignes atteintes, mais assez vigoureuses, nous entreprendrions leur régénération. Si les ravages du parasite étaient trop considérables, nous reconstituerions le vignoble en cépages de la région, disposant tout pour les opérations futures, et les traitements insecticides interviendraient dès la deuxième année.

« Nos premiers traitements étaient des applications simples, à raison de 20 à 25 grammes par mètre carré.

« En nous basant sur l'unité de surface, nous avons cru éviter bien des difficultés au viticulteur, dont l'embarras eût été bien grand si nous avions fait intervenir dans le dosage d'un traitement le volume à imprégner de vapeurs insecticides.

« Nous supposions une profondeur moyenne de 60 à 100 centimètres de terre perméable, et nos doses étaient calculées d'après les observations faites dans notre Midi où la déperdition des vapeurs actives est le plus souvent très considérable. »

Maintenant que nous avons vu quels étaient les procédés pratiques qui réussissaient dans le midi de la France, voyons quel est le mode de traitement qui convient le mieux dans les départements les plus septentrionaux, dans le Rhône, par exemple. Suivons les instructions données par le D' Crolas, professeur à la Faculté de médecine de Lyon et membre du comité d'études et de vigilance pour la destruction du Phylloxera[1].

« L'expérience a montré que nos prévisions étaient justes en ce qu'elles s'appliquaient bien aux conditions moyennes auxquelles nous devons nous rapporter. Nous ne dirons rien de l'état physiologique des Vignes en

---

[1] D' Crolas, *Rapport à M. le Ministre de l'agriculture*, Lyon, 1882.

traitement, ce point étant aujourd'hui parfaitement élu-
cidé, tous les viticulteurs comprenant bien qu'il ne s'agit
pas de tenter la reconstitution de Vignes desséchées
comme le voulaient, en 1877, de nombreux propriétaires
dans des régions aussi ravagées que le Gard, les environs de Nîmes ou que le département de Vaucluse. Mais
en ce qui concerne la dose elle-même des traitements
normaux, nous n'hésitons pas à déclarer aujourd'hui
que la méthode s'est vulgarisée et qu'une foule de viticulteurs sont devenus suffisamment compétents dans la
pratique des traitements, et qu'il est possible de réduire
légèrement les quantités de sulfure toutes les fois que
l'on opère dans des régions fraîches où, pour ainsi dire,
toute la substance employée est utilisée. 30 grammes de
sulfure de carbone dans nos terres chaudes et sèches du
Midi peuvent bien ne pas produire un meilleur effet
insecticide que 20 grammes dans le Beaujolais ou la
Bourgogne.

« Nous devons cependant mettre les opérateurs en
garde contre la tendance trop manifeste à diminuer ces
dosages au point de ne plus injecter que des quantités
insignifiantes de 10 à 15 grammes par mètre carré. Ces
manœuvres deviendraient évidemment illusoires au
point de vue insecticide.

« Elles peuvent avoir été inspirées par la crainte de
nuire à la plante, mais il est évident que, là où le sulfure de carbone peut être utilement employé, la dose de
20 grammes par mètre carré est absolument inoffensive
pour la Vigne.

« Sans doute si le traitement est fait dans une terre
argileuse et détrempée par les pluies, des accidents de

végétation peuvent accompagner des traitements réglés d'après les proportions ordinaires; mais il est impossible d'éviter ces conditions défavorables.

« Pour notre région, les conditions à réaliser pour un bon traitement sont les suivantes :

« 1ᶜ Traiter les Vignes dès que la présence de l'insecte a été constatée. Nous avons, en effet, prouvé expérimentalement qu'il fallait trois ans de traitement pour ramener à l'état normal les Vignes attaquées depuis trois ou quatre ans. Tandis qu'en traitant dès la première ou la seconde année de l'invasion, on maintenait la végétation et la fructification dans l'ensemble de la Vigne, et on ramenait facilement les ceps des points d'attaque qui avaient faibli.

« Comme dans les régions que nous avons citées, et qui sont celles qui produisent nos meilleurs vins, la majorité des Vignes est ou encore indemne ou envahie seulement depuis un an ou deux ; il est important que les viticulteurs, s'associant immédiatement, forment des syndicats et organisent un traitement général.

« Nous n'insisterons pas sur la nécessité de ces mesures qui seules peuvent assurer la conservation de nos grands crus.

« 2° Traiter l'ensemble des Vignes envahies et non pas seulement les taches.

« 3° Appliquer le sulfure de carbone à la dose de 20 grammes par mètre carré, ne jamais dépasser 25 grammes.

« 4° Faire les injections entre les ceps de façon à comprendre chacun d'eux entre quatre trous, en évitant de toucher la souche avec le pal injecteur.

« On évitera facilement cet inconvénient en l'introduisant à égale distance des deux ceps.

« 5° Faire le traitement de fin octobre à fin mars.

« Il est indispensable :

« *a)* De suspendre les applications de sulfure dès les premières gelées, pour éviter le séjour trop prolongé des vapeurs toxiques dans le sol.

« *b)* De cesser également le traitement dès que la sève se met en mouvement. C'est ici le lieu de dire que des expériences faites dans ces derniers temps ont prouvé que l'on pouvait sans crainte faire des traitements d'été, en n'employant que de faibles doses, 18 à 20 grammes par mètre carré.

« Nous conseillerons surtout d'appliquer ces traitements d'été aux taches qui se manifestent après le premier printemps ; de cette façon, on s'opposera utilement à l'envahissement par les insectes ailés.

« 6° Avoir soin de toujours laisser égoutter les terrains forts qui retiennent longtemps l'eau après les pluies ou la fonte des neiges.

« Cette recommandation est des plus importantes ; un grand nombre des insuccès observés, il y a deux ans surtout, avaient pour cause unique des applications de sulfure dans des terrains contenant de fortes proportions d'argile et saturés d'eau.

« 7° Cultiver avec soin les Vignes atteintes et les fumer convenablement, surtout la première année de traitement.

« Il nous paraît aujourd'hui démontré que, dans deux cas seulement, on ne doit pas appliquer le sulfure, parce que l'on n'en retire pas des avantages en rapport avec la peine occasionnée par le traitement ; ce sont les suivants :

Fig. 50. — Traitement d'une vigne phylloxérée par le sulfure de carbone [1].

[1] Dessin communiqué obligeamment par M. Barral.

« 1º Lorsque la Vigne est plantée dans un sol profond de moins de 30 centimètres avec sous-sol imperméable ;

« 2º Lorsqu'elle est plantée dans un terrain composé d'argile grise ou plastique ; nous devons remarquer que fort heureusement les plantations qui sont dans ces conditions représentent une petite minorité.

« Nous redirons, en terminant ce travail, que nous sommes convaincus, et avec nous les expérimentateurs et viticulteurs qui ont suivi avec attention ce qui a été fait ces deux dernières années soit par l'administration, soit par les particuliers, que l'on peut défendre les Vignes françaises à l'aide du sulfure de carbone, et que la dépense occasionnée par le traitement peut être supportée par la grande majorité des Vignes. »

Voici en résumé comment, d'après Barral, s'effectue le traitement d'une Vigne par le liquide insecticide :

« Pour transporter le sulfure de carbone, un baril spécial a été construit (fig. 50) : il pèse vide 35 kilogrammes, plein 135. On tire le sulfure de carbone par un robinet, en ayant soin de donner de l'air par la partie supérieure, on prend ainsi la quantité de liquide voulue.

« Le pal, inventé par M. Gastine (fig. 51), est muni de tous les accessoires, la clef, les robinets, les rondelles, les ressorts, etc., qui peuvent être remplacés s'ils se détériorent pendant le travail. La figure 50 vous montre une Vigne dans laquelle le traitement fonctionne ; un ouvrier enfonce le pal dans la terre et un autre ouvrier, qui le suit avec un bâton, bouche au fur et à mesure les trous pour éviter l'évaporation du sulfure de carbone dans l'air. On peut ainsi faire autour de chaque pied, un, deux ou trois trous et y déposer exactement la quantité de sulfure de carbone qu'on veut

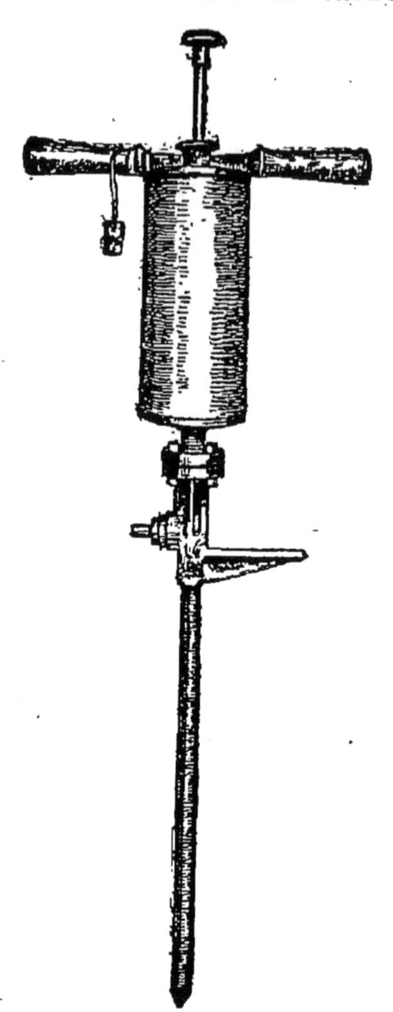

FIG. 51. — Pal Gastine servant à l'injection du sulfure de carbone au pied des ceps phylloxérés.

donner, 10, 15, 20 ou 25 grammes, selon qu'on veut opérer son traitement plus ou moins énergiquement. Il n'y a de difficulté que dans les terrains où l'on rencontrerait la pierre. »

L'emploi du sulfure de carbone n'étant pas possible dans tous les terrains, soit à cause de leur constitution géologique, soit à cause de leur consistance pierreuse qui ne laisse pas passer le pal injecteur, on a cherché à tourner la difficulté. Dumas a proposé d'employer à sa place un de ses composés, le sulfo-carbonate de potassium qui mêlé à l'eau peut être introduit facilement dans le sol et a cet avantage de ne se décomposer que lentement sous l'influence de l'acide carbonique ambiant, et en dégageant peu à peu du sulfure de carbone qui reste libre, en produisant de l'acide sulfhydrique qui se dégage ou reste dissous dans l'eau, et en laissant dans le sol du carbonate de potasse; de telle sorte que l'on a d'une part un excellent insecticide agissant graduellement, de l'autre, un excellent engrais indispensable à la Vigne.

L'emploi du sulfo-carbonate de potassium a soulevé les plus grandes objections; l'élévation de son prix, la nécessité de le dissoudre dans l'eau entraînant des frais de manutention et de transport dispendieux, semblaient le rendre impropre à combattre le Phylloxera.

L'inconvénient capital de l'emploi de ce sel est l'usage nécessaire de l'eau, qui paraît au premier abord devoir être trop coûteux. Il restait à rendre le procédé pratique, afin de le mettre à portée du viticulteur le plus modeste. Les premières applications du sulfo-carbonate de potassium en grande culture, faites à Mancey par Romanèche (Saône-et-Loire), sous la direction de M. Rommier, coûtèrent des sommes qui dépassaient 1500 et 2000 francs par hectare, prix qui n'étaient accessibles qu'aux grands crus privilégiés. Il fallait songer aux crus modestes, mais si nombreux, qui font la fortune de la France.

C'est alors que MM. Félix Humbert et P. Mouillefert firent intervenir la mécanique pour l'application en grand aux vignobles des solutions aqueuses de sulfo-carbonate de potassium, et remplacèrent, par un système de conduites d'eau à bon marché, le travail si dispendieux de l'homme et des animaux domestiques.

Le problème a été heureusement résolu par l'application de machines de propulsion d'une canalisation portative et d'appareils constituant un système complet réunissant les conditions suivantes :

1° Qu'il fût de la plus grande solidité possible, léger, aisément transportable, d'un montage et d'un démontage rapides, faciles même pour les ouvriers des champs les moins familiarisés avec la mécanique;

2° Qu'il permît d'avoir l'eau pour faire la solution sulfocarbonatée, ou la solution elle-même à toutes les distances et à toutes les hauteurs, à pied d'œuvre et à très bas prix ;

3° Qu'il permît de traiter les plus petites comme les plus grandes étendues dans le moindre temps possible, et cela afin de profiter de toutes les circonstances favorables au point de vue climatérique qui se présentent dans la viticulture.

Ces trois conditions sont absolument remplies. Une Vigne phylloxérée se traite à 9 ou 10 kilomètres de distance de la prise d'eau, et à des altitudes supérieures à 100 mètres.

Les pressions exigées en pareilles circonstances étant inusitées dans l'industrie, il a fallu créer de toutes pièces une sorte de canalisation à jonction rapide présentant la plus grande solidité, sous le poids le plus faible possible. Le moteur est animé par une chaudière à vapeur à haute pression en tôle d'acier d'une grande résistance, et établi de façon à présenter la puissance la plus effective sous le poids le plus réduit. Le bâti en fer ou en acier supporte la chaudière et tout le système mécanique pour la propulsion des liquides. L'action est directe ou transmise de manière à donner une grande souplesse à l'appareil, au point de vue du rendement, et à faire varier les volumes de liquide dans la plus large mesure en raison des distances et des altitudes, c'est-à-dire de l'effort à vaincre, et cela en conservant le même régime de vitesse à la machine.

Sur le bâti qui porte les propulseurs, il est établi une chambre de départ à air comprimé, sur laquelle sont fixés les raccords des prises d'eau, que l'on dirige ensuite dans diverses directions, et qui sert à alimenter le réseau de la canalisation placé dans le champ de Vignes.

Cette canalisation consiste en tuyaux de tôle douce ou de tôle d'acier, à double rivure en quinconce et essayés à la pression minimum de 30 à 35 kilogrammes par centimètre carré (30 à 31 atmosphères). Ils ont une longueur d'environ cinq mètres, ajustés en double épaisseur, par fragments d'un mètre, avec croisement de 0^m,08, ce qui leur donne une rigidité très grande, qualité indispensable pour le transport en coteau. Le poids d'un mètre est d'environ 2 kilogrammes, joint compris.

Un ouvrier en porte facilement trois ou quatre à pied d'œuvre, quelles que soient les difficultés du terrain. Ces tuyaux sont assemblés au moyen d'un joint à action rapide (fig. 52) par une bague en caoutchouc vulcanisé

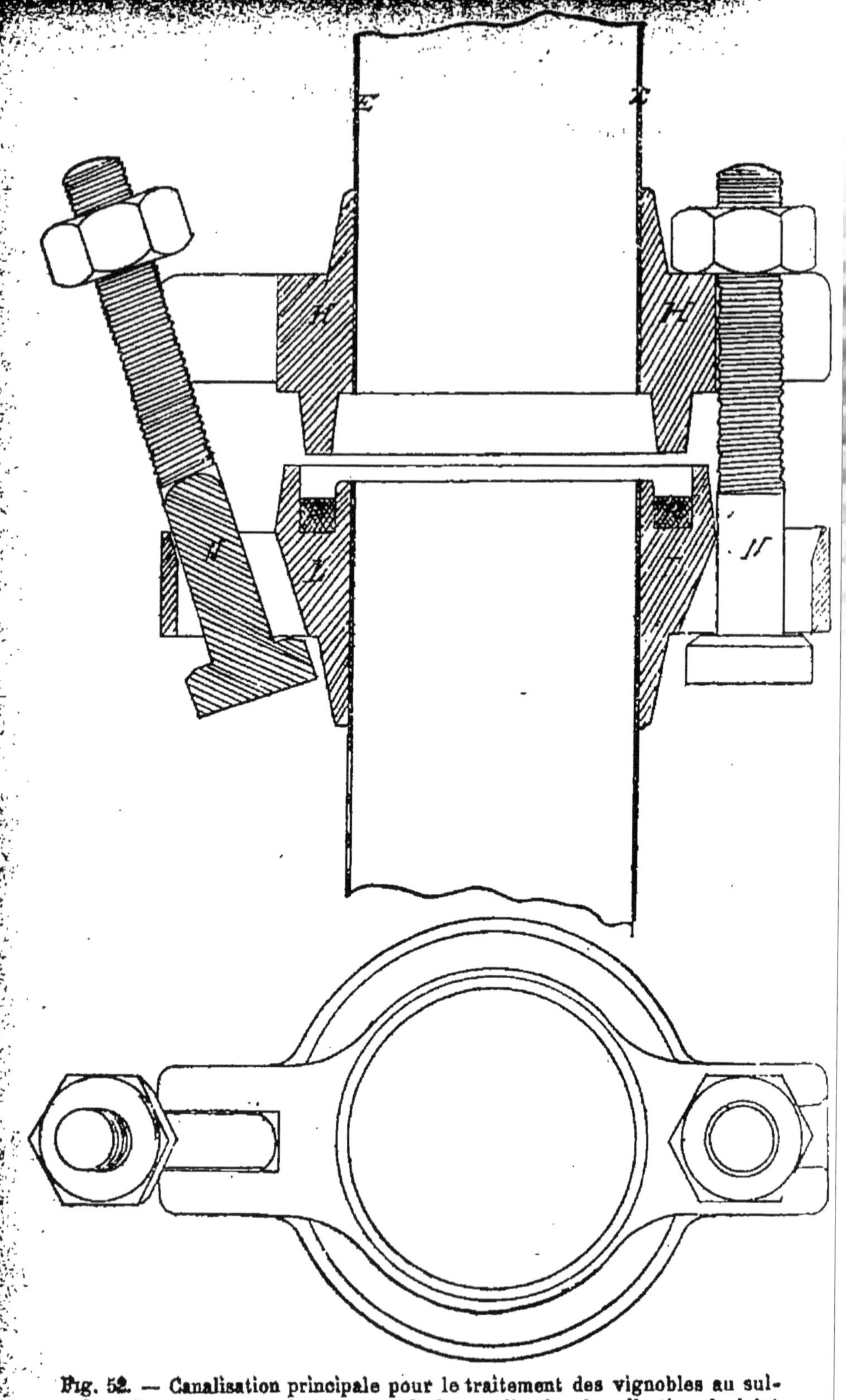

Fig. 52. — Canalisation principale pour le traitement des vignobles au sulfo-carbonate de potassium. — Vue de la canalisation dans l'action du joint.

insérée dans un alvéole. Le serrage s'opère avec la plus grande facilité, au moyen de deux boutons articulés, logés dans deux oreillons à coulisse ou à charnière. Deux tours de vis suffisent pour former le joint le plus résistant et assurer un état étanche parfait. Un ouvrier peut mettre en place 3 à 4000 mètres de tuyaux en une journée. Il est ainsi établi des canaux qui partent de la machine placée au bord d'un cours d'eau, d'une mare ou d'un puits, et rayonnent dans toutes les directions nécessaires jusqu'à la Vigne qui doit être sulfocarbonatée. La figure 53 montre un chantier en pleine fonction, et comment on peut atteindre les points situés aux plus grandes distances et aux plus fortes altitudes.

Dans la Vigne, la canalisation principale est dirigée dans le sens perpendiculaire aux rangées de souches, jusqu'au point le plus éloigné. Elle porte des embranchements latéraux munis de valves sur lesquelles on raccorde une canalisation secondaire (fig. 54) en tuyaux d'un plus faible diamètre dans certains cas, et enfin une canalisation tertiaire, en caoutchouc et toile, d'une grande résistance, s'adaptant à la canalisation secondaire au moyen de raccords à vis ou à baïonnette, et terminés par une petite valve ou robinet à éperon qui sert à faire les dosages. Les changements de direction dans la canalisation, pour passer d'un champ à l'autre, se font souvent pendant le travail.

Les propulseurs fonctionnent sans relâche et toujours

— E, tube en tôle d'acier fixé dans le raccord en fonte ; H, raccord en fonte portant une partie saillante, faisant serrage ; K, bague en caoutchouc ; L, raccord portant la bague en caoutchouc ; N, N, boulons articulés à serrage rapide.

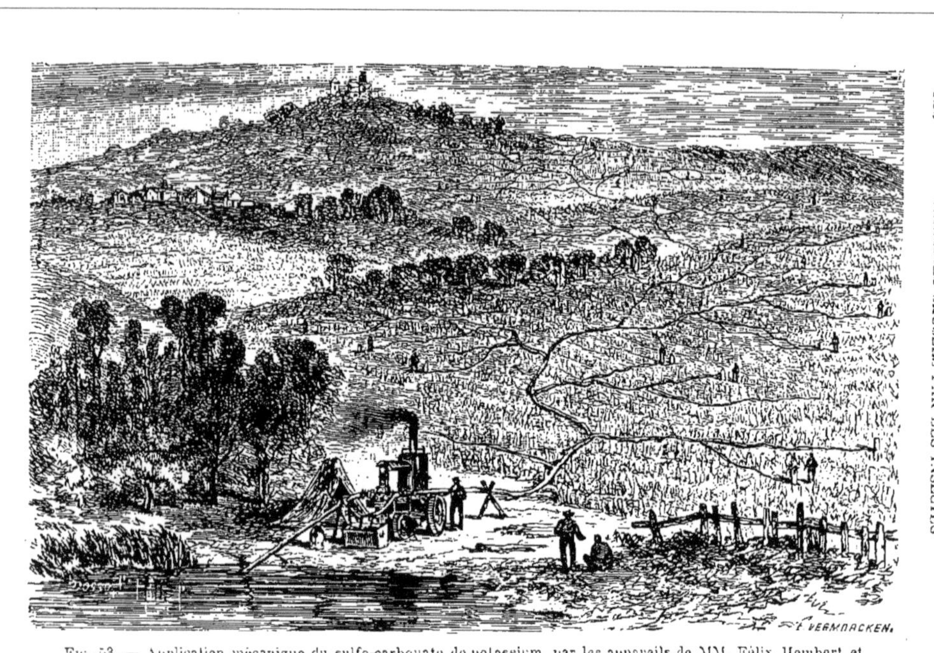

Fig. 53. — Application mécanique du sulfo-carbonate de potassium, par les appareils de MM. Félix Hembert et P. Mouillefert. — Vue d'un chantier en fonction dans le département de l'Aude.

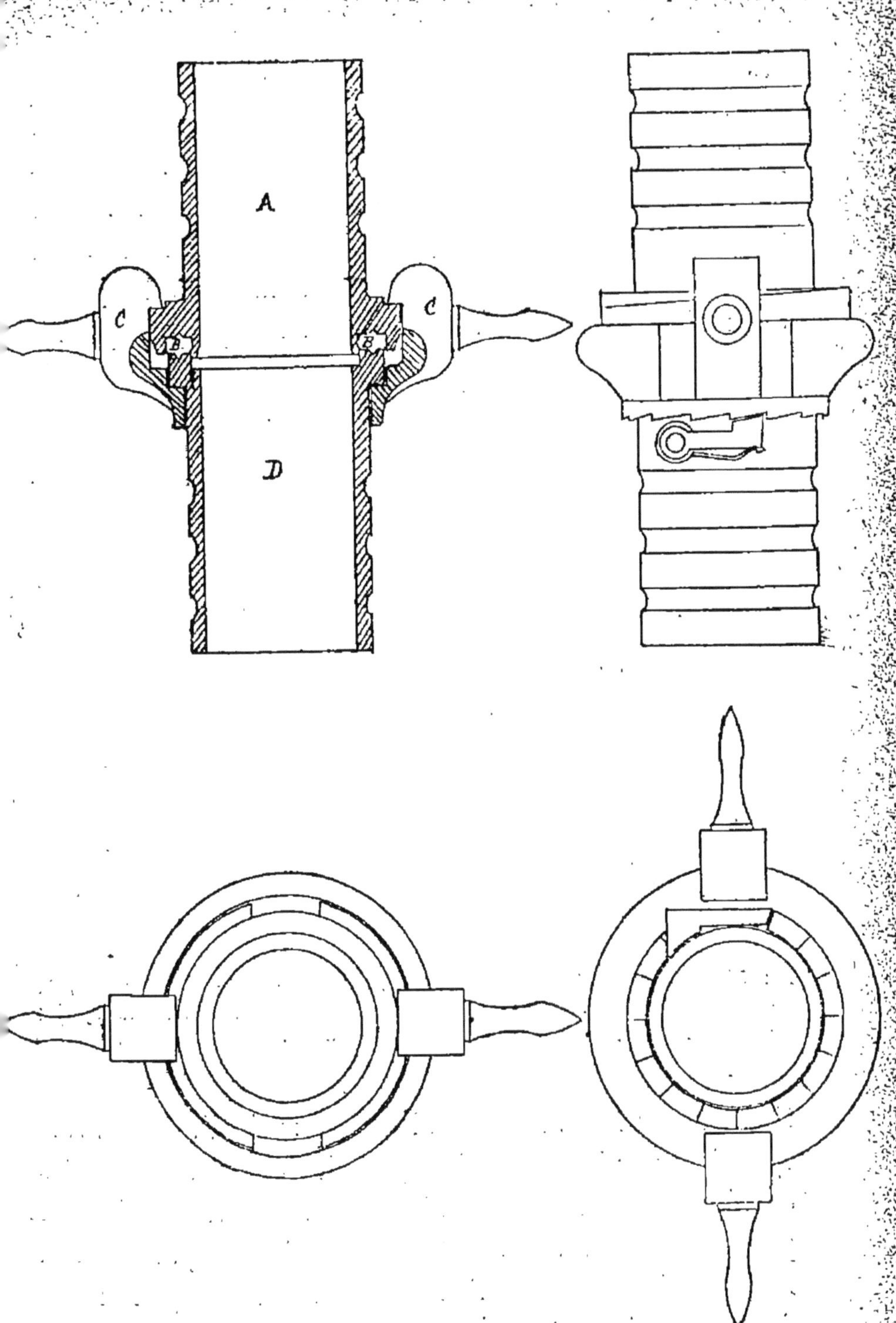

Fig. 54. — Mode de fonction des canalisations articulées (Canalisation secondaire). — A, raccord portant un alvéole dans lequel est logée la bague en caoutchouc; B, bague en caoutchouc; C, écrou á baguette; D, raccord portant une partie saillante s'engageant dans l'alvéole et s'appuyant sur la bague en caoutchouc.

sous le même régime de vitesse; si le liquide ne trouvait pas d'issue, il en résulterait des accidents aux machines et quelquefois des ruptures dans les canalisations. C'est pour parer à ces inconvénients que les inventeurs ont imaginé de placer de distance en distance, à des points déterminés, des accumulateurs à air comprimé (fig. 55).

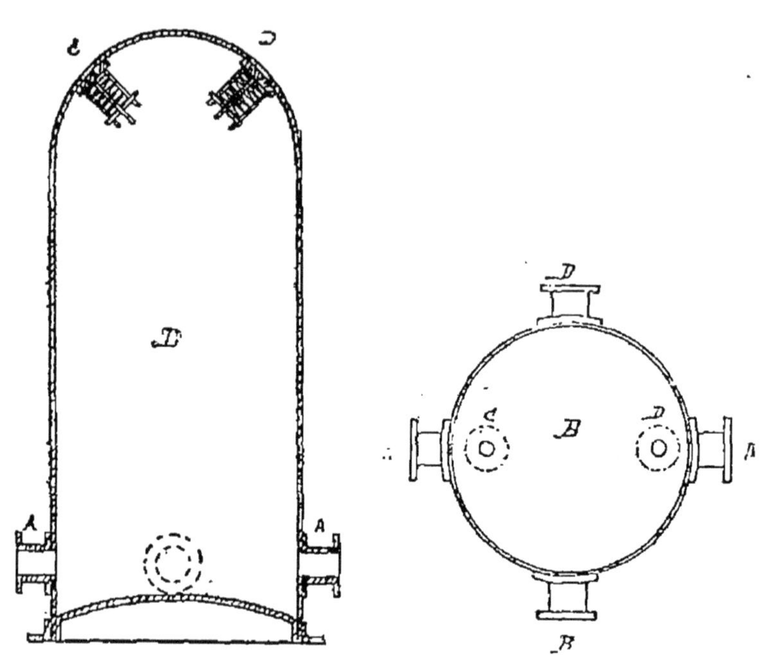

Fig. 55. — Accumulateur. — A, A, A, A, tubulures se raccordant sur la canalisation principale; B, capacité dans laquelle s'accumule le liquide; C, soupape d'aspiration; D, soupape d'évacuation.

Ces accumulateurs de travail sont formés d'un réservoir cylindrique plus ou moins grand, fermé à l'une des extrémités par un fond hémisphérique rentrant, à l'autre, par un fond saillant et faisant coupole. Ils portent à la base plusieurs joints d'embranchements et quelquefois des valves d'attente. Deux soupapes placées sous la coupole agissent en sens inverse. Lorsque le liquide ne trouve pas dans la canalisation une issue suffisante pendant les temps d'arrêts partiels du remplissage des cuvettes, il s'emmagasine dans l'accumulateur; l'air renfermé dans la coupole se comprime, jusqu'à ce que l'équilibre soit établi avec la pression de la conduite principale formant le réseau. Aussitôt que les canalisations sont placées, l'écoulement du liquide est rétabli, en vertu du travail accumulé par l'air comprimé dans les accumulations; la masse d'air se détend graduellement et les choses rentrent dans leur état normal.

Dans les basses altitudes, on a adjoint quelquefois un second propulseur au premier, en l'actionnant directement par la vapeur au moyen d'une canalisation protégée contre les condensations, et cela souvent à une assez grande distance de la chaudière lorsque le cours d'eau le permet.

Nécessairement les prix des premiers traitements ont singulièrement diminué; ces prix flottent aujourd'hui dans le Bordelais, à cause des nombreux modes de culture, entre 200 et 450 francs par hectare; dans la région du Midi, leur moyenne a été, par hectare, de 307 francs.

En même temps, l'efficacité des sulfo-carbonates s'affirmait victorieusement partout où ils étaient appliqués avec constance. Ils ont permis à M. Teissonnière, secrétaire général de la Société des agriculteurs de France, de sauvegarder son vignoble de la Provenquière, dans un milieu absolument dévasté et d'y recueillir la même quantité d'hectolitres qu'il récoltait avant l'invasion du fléau. Dans le Bordelais, où la Société générale, dans le but de démontrer l'efficacité du système, avait amodié

197 hectares de vignobles en quatre années, et malgré des circonstances atmosphériques défavorables, la production, avant le traitement complètement insignifiante, s'élevait, en 1881, à 427 hectolitres. M. Falières, rapporteur de la commission du congrès phylloxerique de Bordeaux, ayant visité ce vignoble, disait à ce propos : « Quels n'ont pas été l'étonnement et la satisfaction du rapporteur, pleinement partagés par tous ses collègues, en trouvant des Vignes en bon rapport, au lieu des troncs desséchés et stériles que sa mémoire lui rappelait! »

Ces antécédents ont porté leurs fruits. En 1882, les sulfo-carbonates, qui, en 1878, à leurs débuts, n'étaient appliqués qu'à 28 hectares, en ont traité 2225 à l'aide des appareils mécaniques de la Société; 175 hectares ayant été traités par leurs propriétaires, l'ensemble du traitement embrasse donc près de 2400 hectares. Son emploi nous semble appelé à s'étendre de plus en plus. La parfaite innocuité des sulfo-carbonates, qui ne tuent jamais la malade qu'ils ont mission de délivrer de son parasite, leur action puissante sur la végétation et la fructification, les désignent aux préférences des maîtres de crus d'élite auxquels la richesse de leur production permet de ne pas regarder aux frais du traitement. Dans les conditions qui sont les leurs, ils doivent à tout prix conserver ce qu'ils possèdent et ne rien livrer à l'inconnu. Aussi ne sommes-nous nullement étonné de voir figurer sur la liste des contrats de la Société générale de reconstitution viticole tous les grands noms de l'illustre Médoc : les Châteaux-Laffite et Margaux; les Pontet-Canet, Château-Lenaihac, Clos d'Estournel, Mouton d'Armailhacq, etc.

Il faut espérer que ces frais encore élevés ne tarderont pas, en s'abaissant, à permettre aux sulfo-carbonates de se vulgariser dans une certaine mesure. Ce problème, la Société en poursuit activement la solution. Le prix de 60 francs les 100 kilogrammes auquel il a fallu les payer a pris la plus grosse part des chiffres indiqués par M. Mouillefert. La création d'une usine considérable à Bergerac (Dordogne) le fera descendre à environ 35 francs. Cette usine peut actuellement produire cinq millions de kilogrammes, représentant les quantités nécessaires au traitement de 40 millions de ceps. Cette production pourrait être doublée à bref délai.

Récemment, un procédé nouveau a fait son apparition; il paraît simple, très peu coûteux et serait d'une remarquable efficacité, ajoute-t-on. Les viticulteurs du Midi l'ont déjà expérimenté sur plusieurs points et se déclarent satisfaits. Il convient, croyons-nous, d'attendre pour le juger les résultats de la campagne qui s'ouvre. Voici en quoi il consiste. A l'aide d'une vrille, on pratique un trou oblique dans le cep, d'un centimètre de profondeur environ, en se gardant d'atteindre la moelle. On retire la vrille qui, étant munie d'une gorge creuse, ramène au dehors la sciure du bois. L'ouverture ainsi faite crée dans l'intérieur du cep une branche d'absorption. On y place un petit entonnoir dans lequel on verse de l'eau phéniquée au centième. Dans un temps plus ou moins long, qui ne dépasse pas trente ou quarante-huit heures la Vigne devient phénolée; elle empoisonne par succion les Phylloxeras. Toutes ses fonctions se relèvent à la fois, sans modifier en quoi que ce soit les qualités naturelles du raisin et du vin. Plus de trois cents propriétaires en ont fait l'expérience en grande et en petite culture au prix maximum d'un centime par cep.

L'inventeur du procédé est le Dr Mandon, professeur à l'École de médecine de Limoges. Nous aurons sans doute l'occasion de revenir sur ce sujet : les contradicteurs surgiront; il y en a déjà : les uns allèguent la théorie de l'absorption de la circulation de la sève; les autres invoquent le danger de communiquer au raisin et au vin l'odeur du phénol; les autres nient la destruction complète des pucerons ou de leurs œufs; les autres racontent que l'entonnoir, au lieu de se vider, se remplit, ou bien que le liquide y reste stationnaire; il y en a enfin qui affirment que si l'eau est suffisamment phéniquée pour détruire l'insecte, elle tue la Vigne en même temps, et que, si elle est insuffisamment phéniquée pour tuer la plante, elle laisse subsister assez de pucerons pour rendre le traitement illusoire.

Dans ces critiques, il y a lieu de distinguer celles qui sont théoriques de celles qui sont pratiques. « Aux premières, il suffit, fait remarquer judicieusement M. de Cherville[1], d'opposer sans discussion le résultat pratique. Il ne s'agit pas de savoir théoriquement si ceci ou cela est possible, mais bien de s'assurer pratiquement que ceci ou cela se réalise. Les objections pratiques doivent être examinées, au contraire, avec le plus grand soin : il faut, par exemple, qu'on sache très précisément la proportion du phénol à mélanger avec l'eau, la manière de préparer ce mélange; toutes les conditions à

---

[1] De Cherville; *Temps*, 27 février 1883.

remplir pour pratiquer l'ouverture dans le bois du cep, etc. »

M. Balbiani[1] fait ressortir l'intérêt qu'il y aurait à anéantir les germes des colonies d'hiver.

La commission supérieure du Phylloxera, qui a déjà si heureusement pris la direction de la lutte contre les insectes vivant à l'intérieur du sol, se jugeant suffisamment éclairée sur le rôle des formes aériennes du parasite, a pensé qu'il y avait également lieu de fonder un traitement rationnel d'après les données acquises à cet égard. Des expériences officielles ont été entreprises sous la direction de M. Balbiani en vue d'étudier les moyens capables d'arrêter la propagation de ces Phylloxeras aériens, et notamment de l'œuf d'hiver qui est leur forme ultime la plus dangereuse, mais heureusement aussi celle qui laisse l'ennemi le plus longtemps à notre portée et où il est le plus facile de le saisir.

M. Balbiani a pensé que la meilleure voie à suivre était de procéder comme il a été fait pour la recherche des modes de traitement contre les Phylloxeras radicicoles, c'est-à-dire de commencer d'abord par des essais dans le laboratoire, avant de les porter sur le champ d'expérience de la grande culture.

« Parmi les moyens proposés contre l'œuf d'hiver, les principaux sont : la décortication superficielle des souches, le flambage des écorces et le badigeonnage avec

[1] Balbiani, *la Destruction de l'œuf d'hiver du Phylloxera*. Rapport adressé à M. le Ministre de l'agriculture, 30 septembre 1884, compte rendu des travaux, du service du Phylloxera, imprimerie nationale.

dés substances insecticides. L'essai des deux premiers procédés ne peut guère être tenté que durant l'époque même où ils devront être mis en usage, c'est-à-dire pendant la saison froide. A ce moment, l'écorce des ceps recèle des œufs d'hiver, et l'arrêt de la végétation rend inoffensives ces opérations qui, pratiquées sur des plants en plein état de végétation, pourraient ne pas se faire sans dommage pour ceux-ci. Il est, au contraire, possible d'étudier en toutes saisons les conditions que, pour être efficaces, doivent remplir les substances employées aux badigeonnages. Ces conditions sont au nombre de deux :

1° La substance, tout en étant inoffensive pour la Vigne, doit être un toxique pour les œufs, soit par son contact direct, soit par les vapeurs qui en émanent ;

2° Elle doit être douée d'une puissance de pénétration assez grande pour imbiber facilement tout le tissu cortical et aller atteindre les œufs jusque dans leurs retraites les plus cachées de l'intérieur de l'écorce. Depuis longtemps, l'huile lourde de houille a été indiquée comme remplissant ces deux conditions, et, dès 1876, je l'avais moi-même préconisée pour le badigeonnage des Vignes et institué quelques expériences pour régler son mode d'emploi[1]. Vers la même époque, M. Boiteau l'a employée sur une grande échelle dans ses expériences du Libournais, et, plus récemment, M. Prosper de Laffite a fait aussi un grand nombre d'essais avec la même substance.

« Le liquide préconisé par ces deux expérimentateurs

[1] Balbiani, *Comptes rendus de l'Académie des sciences*, t. XCIX, 20 octobre 1884.

est un mélange d'eau et d'huile lourde dans la proportion de 4 pour 100, additionné d'une certaine quantité
de carbonate de soude pour produire la saponification
de l'huile lourde; mais cette saponification est très in-
complète; par le repos, les deux liquides tendent à se
séparer, et si l'on n'a pas soin d'entretenir sans cesse
l'homogénéité du mélange par l'agitation avec le pinceau,
on est exposé à employer, suivant la couche où plonge
celui-ci, tantôt un liquide inerte, tantôt une substance
mortelle pour la Vigne. C'est ainsi que s'expliquent les
accidents causés dans les vignobles de la Gironde par ce
mode de traitement, accidents qui l'ont fait abandonner
par l'inventeur lui-même et qui depuis n'ont cessé de
peser sur la question de l'œuf d'hiver, en faisant croire
à l'impossibilité de trouver une substance capable de tuer
des œufs sans tuer la Vigne elle-même.

« M. de Laffitte a montré que ces accidents pouvaient
être facilement évités par une application méthodique
du mélange d'huile lourde et d'eau; mais celui-ci n'en
constitue pas moins, par sa composition même, un danger éventuel, et, dans une question de cette importance,
il est plus prudent de s'en rapporter à la substance qu'à
la main chargée de l'appliquer. Mais il existe, ainsi que
nous le verrons tout à l'heure, un motif plus grand pour
renoncer à son emploi.

Indiquons le mode opératoire dont nous avons fait
usage dans ces essais.

« Ne pouvant agir dans cette saison sur des ceps
chargés d'œufs d'hiver, nous avons tourné la difficulté
en employant une méthode dont je m'étais servi dans
mes recherches sur les badigeonnages insecticides [1].

« Nous avons remplacé les œufs d'hiver par des œufs ordinaires, abondants dans la saison actuelle, du Phylloxera radicicole. A cet effet, un certain nombre de ces œufs étaient déposés à la face interne de lamelles d'écorce préalablement humectées pour faire adhérer les œufs, et ces lamelles étaient ensuite ajustées, à l'aide de ligatures, sur la partie dénudée du bois. Cela fait, le cep recevait sur toute la surface de son système ligneux un badigeon avec la substance dont on voulait éprouver l'action. Il était ensuite abandonné à lui-même pendant deux ou trois jours, temps plus que suffisant pour que la substance épuisât son action sur les œufs. Les lamelles corticales étaient alors détachées, les œufs enlevés et placés dans un petit tube plein d'eau pure. Cette précaution avait pour but de faciliter l'éclosion des œufs qui auraient résisté à l'action du toxique et de permettre de retrouver dans l'eau les jeunes Phylloxeras éclos.

« Voici les résultats obtenus avec les diverses substances que nous avons employées en badigeonnage.

« 1° *Mélange d'eau et d'huile lourde à* 4 pour 100, d'après les formules de MM. Boiteau et de Laffite. Ce mélange ne possède qu'une très faible puissance de pénétration, à raison de la grande quantité d'eau mêlée à l'huile lourde. Aussi l'imbibition des écorces a toujours été très superficielle; le liquide glissait à leur surface presque comme de l'eau pure, sans pénétrer jusqu'à la face profonde sur laquelle les œufs étaient déposés. Cette face restait sèche ou n'était mouillée que sur une petite

---

[1] *Comptes-rendus de l'Académie des sciences*, t. XCIX, 20 octobre 1884.

étendue de sa périphérie par le liquide qui avait passé par infiltration entre les lamelles et l'écorce. Il en résultait que les œufs placés à la périphérie étaient seuls atteints et détruits, tandis qu'au centre ils restaient hors de la portée du liquide et conservaient toute leur vitalité, comme le prouvaient les nombreuses éclosions qu'ils donnaient après avoir été placés dans l'eau.

« En augmentant progressivement la proportion d'huile lourde du mélange, on accroissait corrélativement sa puissance de pénétration, et les œufs épargnés devenaient de moins en moins nombreux; mais, même en portant jusqu'à 8 pour 100 la dose d'huile lourde, on obtenait encore quelques éclosions.

« Les badigeonnages convenablement faits n'ont d'ailleurs exercé sur la Vigne aucun effet nuisible.

« L'action insecticide du mélange précédent devient plus énergique lorsqu'on y ajoute, ainsi que M. Henneguy en a eu l'idée, une certaine quantité d'alcool méthylique ou esprit de bois qui dissout une partie de l'huile lourde. L'imbibition des écorces devient plus profonde et plus uniforme, et un petit nombre d'œufs seulement échappent au traitement.

« 2° *Solutions de sulfo-carbonate de potassium.* Ce sel a été pris à la fabrique de M. Gélis, afin de l'avoir à un plus grand état de pureté et doué de toutes ses propriétés insecticides. Nous l'avons employé à deux degrés différents de concentration, en solution aqueuse à 1/10 et à 1/5.

« Appliqués à l'aide d'un pinceau à la surface du bois du cep, aucune de ces deux solutions n'a montré une puissance de pénétration supérieure à celle des mélanges aqueux d'huile lourde.

« De même que pour ces derniers, les lamelles d'écorce n'étaient généralement mouillées qu'à la périphérie de leur surface profonde, et, lorsqu'elles l'étaient également au centre, c'était non par imbibition à travers leur épaisseur, mais grâce à l'infiltration du liquide par les fissures de l'écorce. La solution du sulfo-carbonate étant étalée en couche mince au contact de l'air, condition commune à toutes substances employées sous forme de badigeonnage, son action insecticide s'épuise beaucoup plus vite que lorsqu'elle est injectée à l'intérieur du sol. D'ailleurs, dans le sol même, un grand nombre d'œufs sont épargnés, ce qui est la principale cause des réinvasions dites d'été; à plus forte raison en est-il ainsi des œufs cachés à l'intérieur de l'écorce. Mais partout où le liquide peut pénétrer et se mettre en contact direct avec les œufs, ceux-ci sont détruits et prennent suivant leur âge une teinte brune noirâtre ou blanc jaunâtre opaque. Les vapeurs de sulfure de carbone qui se dégagent de la solution agissent aussi à distance sur les œufs les plus rapprochés de la surface, tandis que ceux plus profondément placés résistent et conservent leur vitalité.

« *3° Mélange de goudron de houille, neuf parties, et d'huile lourde, une partie.*

Ce mélange l'emporte sur toutes les préparations d'huile lourde qui ont l'eau pour véhicule, parce que cette substance, au lieu d'être dans un état instable comme dans le liquide de MM. Boiteau et de Laffite, forme avec le goudron un amalgame fixe et homogène qui n'expose pas aux mêmes dangers que ce dernier liquide. Le goudron a pour effet de modérer l'action trop énergique de l'huile lourde sur la plante, de la répartir d'une manière plus égale dans le tissu de l'écorce et de l'y maintenir plus longtemps. En détachant des lambeaux d'écorce d'une Vigne badigeonnée avec le mélange goudronné, on s'assure que leur face profonde présente la même teinte noire uniforme que la surface extérieure, et que la matière a traversé presque toute l'épaisseur de l'écorce jusqu'au contact du bois. Les œufs placés sous les lamelles corticales se sont tous montrés noirs et altérés ; mais lors même que quelques uns se trouveraient épargnés et viendraient à éclore, ce qui n'est pas probable, les jeunes insectes ne pourraient circuler dans les galeries de l'écorce que remplit une matière qui reste longtemps poisseuse et dans laquelle ils s'engluraient. Éviter le contact de ce mélange avec les bourgeons qui seraient infailliblement détruits comme le sont les feuilles et les autres parties vertes touchées par le pinceau. Cette condition suffit pour rendre l'opération sans danger pour la Vigne.

« Malgré les circonstances défavorables dans lesquelles nous avons opéré, en pratiquant le badigeonnage sur des plants en plein état de végétation et au cœur de l'été, ceux-ci, un mois après que le badigeonnage a eu lieu, ne présentent aucun signe de dépérissement malgré leur jeune âge (cinq à six ans) et la faible épaisseur de leur système cortical. Il suffirait, si des accidents se produisaient, de diminuer la proportion d'huile lourde, car, par lui-même, le goudron est inoffensif.

« En résumé, parmi les substances dont nous avons expérimenté l'action en badigeonnage pour la destruction des œufs d'hiver, l'huile lourde associée au goudron de houille dans la proportion de 1/10 est celle qui nous a donné les meilleurs résultats. Il est à regretter que le sulfo-carbonate de potassium ne se soit pas montré plus efficace, car les opérations agricoles eussent été simplifiées si l'on avait pu employer une seule substance pour le traitement interne et externe des Vignes.

« Ajoutons que la faveur dont cette substance jouit à juste titre comme insecticide pour les colonies souterraines du Phylloxera eût beaucoup contribué à triompher de l'espèce d'indifférence que la plupart des viticulteurs témoignent pour les opérations dirigées contre l'œuf d'hiver, ce régénérateur et ce propagateur des colonies radicicoles. Le mélange d'huile lourde et de goudron est d'ailleurs d'une préparation et d'un emploi des plus faciles, puiqu'il suffit de mêler intimement les deux substances dans les proportions indiquées, et d'étendre le mélange à l'aide du pinceau sur tout le bois pouvant offrir des retraites aux œufs d'hiver à la seule réserve des bourgeons.

« La question économique est d'ailleurs toute en sa faveur ; aux usines à gaz de Paris, le prix de revient du goudron est de 15 francs et celui de l'huile lourde de 20 francs seulement les 100 kilogrammes. Dans les départements où ces produits de la distillation de la houille ne sont pas utilisés au même degré qu'à Paris pour d'autres applications industrielles, ce prix est moins élevé encore. Les usines à gaz sont répandues partout et le prix de transport ne vient pas augmenter beaucoup le prix d'achat des substances.

« Un dernier avantage que présente à nos yeux le

badigeonnage avec le mélange goudronné, c'est de rendre immédiatement reconnaissable tout vignoble qui a subi ce mode de traitement contre l'œuf d'hiver. » (Balbiani, Rapport au Ministre).

Depuis la publication de ce rapport, M. Balbiani a proposé de faire le badigeonnage contre l'œuf d'hiver avec un mélange dont voici la formule.

Huile lourde.	20 parties.
Naphtaline.	60 —
Chaux vive.	120 —
Eau.	400 —

Ce mélange est inoffensif pour la Vigne, adhérent, résiste à l'action de la pluie.

M. Henneguy, chargé d'une mission par le Ministre de l'agriculture, a pu constater que le badigeonnage, en empêchant pendant plusieurs années de suite la rénovation des colonies souterraines au moyen de l'œuf d'hiver, a amené une amélioration sensible dans l'état du système radiculaire des Vignes.

A la question de la destruction de l'œuf d'hiver du Phylloxera se rapporte celle de la désinfection antiphylloxerique des boutures. M. Henneguy conseille de badigeonner complètement, avant la taille, les souches sur lesquelles on prendrait au printemps les sarments destinés à être plantés. M. Bisset (de Béziers) a fait connaître à l'Académie des sciences les excellents résultats qu'il a obtenus en employant le mélange préconisé par M. Balbiani, mélange que l'expérience a démontré être un puissant insecticide [1].

---

[1] Henneguy, *Rapports sur la destruction de l'œuf d'hiver du Phylloxera*, 1886 et 1888.

CHAPITRE III

MALADIES CAUSÉES PAR LES ARACHNIDES ET LES MOLLUSQUES

ARTICLE PREMIER. — ÉRINÉUM

L'Érinéum est produit par la piqûre d'un acarien.

Bien des propriétaires le confondent avec le Mildiou[1], qui, comme lui, forme une tache blanche ou jaunâtre à la partie inférieure de la feuille. L'Érinéum provoque à la face supérieure de la feuille, des renflements en forme de verrue, mais n'attaque pas le tissu de la feuille.

Il n'occasionne jamais de dégâts importants; c'est pourquoi on n'a jamais cherché à le combattre.

ARTICLE II. — L'ESCARGOT DE VIGNES

§ I. Caractères

L'Escargot *(Helix pomatia)* (fig. 56) est un gastéropode pulmoné, c'est-à-dire respirant avec un poumon, ayant une respiration aérienne. La *coquille* est ombi-

[1] Voyez plus haut p. 13.

liquée, discoïde, globuleuse, d'une couleur jaunâtre. L'épiphragme est chargé de calcaire.

Le corps est ovalaire, porté par le *pied* charnu. Les tentacules supérieurs sont plus longs que les inférieurs.

Fig. 56. — L'Escargot de Vignes.

§ II. — Mœurs

Cet Escargot, comme tous ses congénères, se nourrit exclusivement de matières végétales. Cependant il semble avoir un goût assez prononcé pour le fromage. Pendant l'hiver, il se retire dans sa coquille fermée par un couvercle calcaire *(épiphragme)*, s'enfonce parfois en terre, et demeure inactif pendant toute la belle saison.

§ III. Dégâts

Malgré leurs qualités alimentaires, les Escargots peuvent causer de grands dégâts, dans les jardins et dans les Vignes (P. Brocchi).

ARTICLE III. — LA LIMACE ROUGE

§ I. Caractères

La Limace rouge *(Arion rufus)* a été placée dans un genre spécial, parce que, chez ce mollusque, la coquille n'est représentée que par quelques granulations calcaires. La coloration, ordinairement d'un rouge brique, peut devenir jaunâtre et même noire.

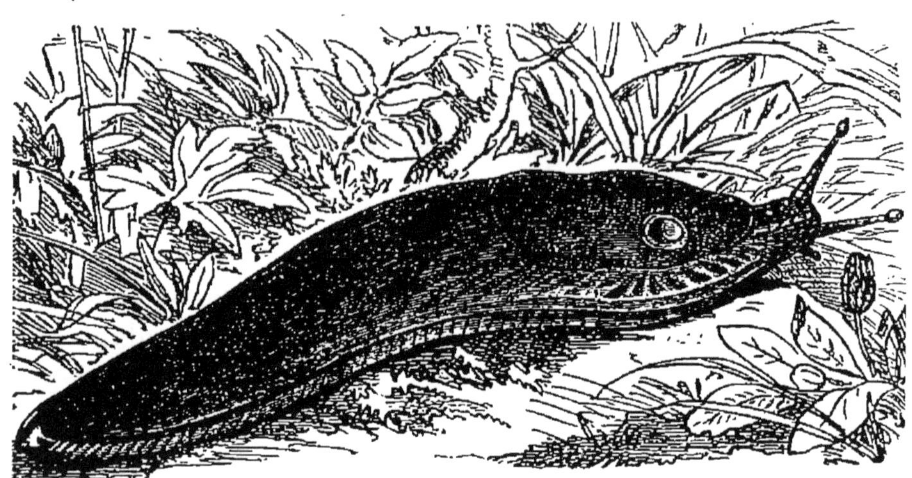

Fig. 57. — La Limace rouge.

§ II. Mœurs

On en trouve de grandes quantités dans les bois, où elles se rencontrent surtout après les pluies.

Bien que la Limace rouge se nourrisse de végétaux, en a observé qu'elle dévorait parfois des substances animales, telles que des vers de terre morts, ou même des individus de sa propre espèce.

On trouve souvent dans les jardins la *Limace des*

jardins, qui est noire avec des bandes grises sur le manteau, et aussi une petite espèce, la *Limace agreste (L. agretis)* qui est toute grise avec de petites lignes plus foncées.

§ III. Dégâts

Bien que de très petite taille, ces mollusques causent souvent de sérieux dégâts dans les jardins, où ils dévorent les jeunes pousses, surtout dans les potagers.

§ IV. Moyens de destruction employés contre les Escargots et les Limaces

Le meilleur procédé pour éloigner et détruire les Limaces consiste à répandre autour des plants à protéger, de la sciure de bois, de la paille hachée, du sable fin. On emploie aussi de petits abris en planches ou en pierres, dans lesquels les Limaces se réfugient pendant les heures chaudes de la journée. On vient les y surprendre, et on peut en détruire une grande quantité. Les Escargots peuvent aussi être ramassés à la main ; après la pluie, il est facile d'en recueillir rapidement un grand nombre. (Brocchi).

Le vrai moyen de les détruire consiste à leur faire la chasse.

Dans bien des pays, on lâche de petits canards dans les Vignes pendant le mois de mai, et ces oiseaux en consomment une grande quantité ainsi que d'autres insectes.

CHAPITRE IV

MALADIES ET ACCIDENTS

ARTICLE PREMIER. — CHLOROSE

§ I. Symptômes

La chlorose est une maladie qui se manifeste par l'affaiblissement de la végétation et par une teinte jaune ou blanchâtre de la plante. Cette maladie, qu'on peut appeler l'*anémie de la Vigne*, amène souvent le dépérissement et la mort.

Avant la culture des cépages américains, on ne la voyait que par exception attaquer nos plants indigènes, principalement dans les vignobles où le sous-sol renfermait un excès d'humidité. Les cépages du Nouveau-Monde sont donc plus sensibles aux atteintes de la chlorose, mais à des degrés différents. On a remarqué que l'Herbemont et plusieurs *Riparia* en étaient bien plus vite atteints que le *Rupestris*, le *Solonis*, le Jacquez et le Cunningham. C'est surtout sur les sujets greffés que cette maladie se manifeste avec plus d'intensité.

§ II. Causes

La chlorose peut avoir pour causes les perturbations atmosphériques, les accidents du greffage et la nature du terrain.

Dans ces dernières années, on a souvent remarqué qu'après une série de beaux jours, lorsqu'une période froide persistait pendant quelque temps, la végétation, qui avait reçu une vive impulsion, s'arrêtait momentanément, et les feuilles jaunissaient. Mais lorsque les chaleurs revenaient, les feuilles reprenaient leur verdure ordinaire, sans laisser aucune trace de langueur.

Dans les Vignes nouvellement greffées, on est quelquefois surpris de voir un certain nombre de greffons jaunâtres, se développant fort lentement ou ne tardant pas à périr, au milieu d'autres remarquables par leur développement. Une étude plus approfondie prouvera bien vite que la soudure est mal faite dans les sujets chlorosés. Il faut donc apporter beaucoup de soin dans le greffage, car le succès d'une opération si simple en elle-même peut être compromis faute d'une attention suffisante. L'incompatibilité du sujet greffé avec le porte-greffe peut également amener le même résultat.

Quant à la nature du terrain, elle offre de plus graves inconvénients. Certains cépages américains plantés dans des sols qui ne leur conviennent pas ne tardent pas à se chloroser, tandis que d'autres déploient une luxuriante végétation dans ces mêmes sols.

C'est donc par une sérieuse étude de l'adaptation des

cépages avec le sol que l'on combattra la chlorose produite par la nature du terrain.

Lorsque la chlorose provient d'un excès d'humidité du sous-sol, on y remédiera par l'assainissement du sol au moyen des drainages.

L'École d'agriculture de Montpellier, qui s'est sérieusement occupée de cette maladie, a pu reconnaître qu'elle était produite sous l'influence des propriétés physiques du sol. C'est à une insuffisance de nutrition du végétal, insuffisance qui entraîne l'arrêt de la formation ou même la résorption de la chlorophylle, que serait due la chlorose. Et ce défaut de nutrition peut être attribué à deux causes, qui sont : l'absence dans le sol des matériaux nécessaires à la Vigne, l'insuffisance ou le mauvais fonctionnement des organes destinés à recueillir ces matériaux. L'observation a démontré, en effet, que la chlorose se manifeste aussi bien dans les terrains très fertiles, lorsque les racines sont altérées par le Phylloxera, l'Écrivain et les diverses maladies cryptogamiques auxquelles elles sont sujettes, que dans les terrains très pauvres.

D'après les travaux faits par l'École de Montpellier, toujours il est difficile d'admettre que la pauvreté du sol entraîne l'état chlorotique des Vignes américaines, car l'*Herbemont*, par exemple, échoue généralement dans les riches alluvions du Midi, tandis qu'il réussit bien dans les sols pauvres et arides des coteaux. On avait attribué cette anomalie à la quantité insuffisante du fer nécessaire à la végétation de la Vigne dans les alluvions, et à la présence suffisante de cet élément dans les terrains *rouges* des coteaux. Mais les analyses des terres, faites à l'École, font rejeter cette hypothèse et démontrent que toutes les terres où l'on cultive la Vigne contiennent assez de fer pour pourvoir largement aux besoins de la plante; les terres rouges ne renferment pas plus de fer que d'autres qui n'ont pas la même coloration; enfin, les cendres des cépages venus dans les terres rouges ne contiennent pas plus de fer que celles des mêmes cépages venus dans d'autres sols.

On a remarqué aussi que les Vignes américaines ne jaunissent pas dans les terrains qui s'échauffent plus que les autres, quelle que soit d'ailleurs leur coloration, et on a conclu de cette observation que l'immunité quant à la chlorose, dont jouissent les Vignes plantées dans les terres rouges, est due à ce que ces terres absorbent plus facilement les rayons calorifiques, grâce à leur coloration foncée. Cette hypothèse a été vérifiée par l'expérience suivante, faite à l'École de Montpellier, en 1880.

Une planche d'Herbemont qui jaunissait toutes les années a été divisée en carrés dont plusieurs ont été recouverts d'une couche de 5 centimètres d'épaisseur de débris de coke lavés à l'acide chlorhydrique, de manière à les débarrasser de tous les éléments solubles qu'ils renfermaient; un autre carré a été recouvert de terre rouge de Saint-Georges-d'Orques, un autre de terre marneuse blanchâtre du Terral; les autres ont été laissés tels qu'ils étaient avant l'expérience. De cette expérience effectuée en hiver, il en résulta que, dans les lots qui n'avaient subi aucune modification, les Vignes restaient chlorosées, et que, dans celui qui avait été chargé de terre blanche, leur état empirait, tandis qu'elles demeuraient vertes dans le carré garni de terre rouge et dans ceux couverts de coke. De plus, des thermomètres placés à 25 centimètres de profondeur, dans les différentes parcelles du terrain expérimenté accusaient des températures plus élevées dans les parcelles noires et rouges que dans les autres. Enfin, les jeunes racines de l'année apparaissent au moins un mois plus tard dans les terres grises ou blanches que dans les terres noires ou rouges. De sorte qu'en modifiant la couleur superficielle du sol, on a augmenté la quantité de chaleur qu'il aurait absorbée, et que, de ce fait, il en est résulté le reverdissement de la Vigne.

Voici comment l'École de Montpellier explique ces résultats : la végétation extérieure de la Vigne qui est sous la dépendance de la température de l'atmosphère, commence simultanément dans les terres de couleur foncée et dans celles de couleur claire. Elle est bientôt suivie, dans les premières, par l'apparition des jeunes racines, qui absorbent activement les matériaux nécessaires pour subvenir au rapide développement de la plante; dans les dernières, au contraire, la naissance des jeunes racines ayant lieu plus tardivement, lorsque la Vigne a épuisé la plus grande partie des matériaux qu'elle avait mis en réserve pour la formation de nouveaux organes, la chlorophylle cesse de se former.

§ III. Traitements

Nous sommes heureux de pouvoir emprunter à M. Félix Sahut[1], le savant président de la Société d'horticulture de l'Hérault, l'exposé de ses méthodes.

---

[1] Sahut, *La jaunisse ou chlorose des Vignes*, t. I, p. 336.

Depuis les belles expériences d'Eusèbe Gris et celles plus récentes de M. Duchartre et de M. Bleu, il a été reconnu que le sulfate de fer agissait efficacement dans bien des cas en combattant les effets de la chlorose. Des poiriers, dont les feuilles étaient jaunes, retrouvaient leur belle verdure, grâce à des seringages avec de l'eau sulfatée, et on obtenait ainsi des effets immédiats. Les arrosages au pied avec une dissolution plus concentrée produisaient un effet analogue, mais alors l'effet se faisait plus attendre. Enfin, nous avons réussi à faire prospérer des arbres qui exigent des terrains fortement ferrugineux dans un sol qui manquait à peu près complètement de fer, en enfouissant par grandes quantités, au moment du défoncement ou d'un bêchage profond, des cristaux de sulfate de fer, plus vulgairement connus sous le nom de vitriol vert. Ces diverses observations peuvent à la rigueur nous expliquer pourquoi ces Vignes américaines ne jaunissent pas dans les sols très ferrugineux, lesquels se distinguent à première vue, comme tout le monde le sait, par la couleur rouge foncé qui les caractérise.

Mais, malheureusement, ces procédés horticoles ne sont guère pratiques en grande culture. Nous avons pu observer déjà des expériences dans lesquelles on a enterré autour du pied de chaque cep jusqu'à 50 et même 100 grammes de sulfate de fer, sans que l'effet produit soit réellement sensible. Néanmoins, il serait utile de faire des expériences à ce sujet et de les poursuivre de diverses manières pour voir s'il n'y a pas quelque moyen de corriger dans une certaine mesure les défauts que présente le sol, en lui fournissant artificiellement l'élément ferrugineux qu'il ne possède pas suffisamment.

Il serait bon en tout cas, dans les plantations déjà faites :

1° De greffer de fort bonne heure au printemps, pour ne pas arrêter trop longtemps la végétation du sujet porte-greffe ;

2° De pratiquer l'opération du greffage avec soin, pour que la soudure soit aussi parfaite que possible ;

3° De laisser se développer à côté du greffon un ou deux rameaux de *Riparia*, pour donner un aliment convenable à la sève du sujet porte-greffe, en attendant que le greffon se développe suffisamment ;

4° De prendre toutes les précautions nécessaires pour éviter l'ébranlement du greffon ;

5° De placer des piquets au moment du greffage, pour soutenir le jeune rameau à mesure qu'il se développera ;

6° De cultiver soigneusement et de fumer énergiquement ;

7° Enfin, d'augmenter progressivement, autant qu'on le pourra, le développement arborescent de la charpente de la souche.

Ensuite, s'il s'agit de plantations nouvelles à faire, il faudrait encore :

1° S'abstenir d'une manière absolue de créer de nouveaux vignobles dans les terres blanches ou dans celles trop marneuses, trop argileuses, trop imperméables ou trop maigres ;

2° Se borner autant que possible à les établir dans les sols réunissant les diverses conditions que nous avons précédemment énumérées, c'est-à-dire seulement dans les terrains ferrugineux, siliceux, profonds et perméables ;

3° Dans les sols qui ne réuniraient pas absolument ces dernières conditions, mais dont ils ne s'écarteraient cependant pas trop, on pourrait encore y cultiver le Jacquez, soit comme producteur direct, soit comme porte-greffe ;

4° Réserver les autres producteurs directs, ceux surtout qui sont des hybrides à un plus haut degré encore que le Jacquez, pour les sols les plus profonds et les plus riches. Ces cépages, tels que l'Othello, le Canada, le Brandt, le Sénasqua, le Triumph, etc., sont plus sensibles au Phylloxera que le Jacquez et ont besoin d'être soutenus par des fumures énergiques ;

5° Donner la préférence aux plants enracinés et déjà greffés en pépinière, à la condition toutefois de choisir avec soin ceux dont la tige est bien saine, dont les racines sont larges et abondantes et dont les soudures sont aussi parfaites que possible.

ARTICLE II. — BROUSSIN

Le broussin est ordinairement provoqué par une répercussion de sève causée par les gelées tardives ou autres accidents qui détruisent les jeunes bourgeons.

§ I. Symptômes

Cette maladie se présente sous forme d'excroissances

ou de verrues rugueuses qui ne tardent pas à amener le dépérissement partiel ou total du cep.

§ II. Traitement

On se rend maître du broussin en supprimant par la taille ces excroissances, en taillant à long bois et en badigeonnant avec une dissolution de sulfate de fer, à raison de 50 à 60 grammes par litre d'eau.

ARTICLE III. — GELÉE

Dans nos pays, la Vigne peut geler[1] à trois époques différentes : en automne, en hiver, au printemps. Tous les vignerons savent que l'action des gelées ne s'exerce pas de la même façon dans chacune de ces saisons et n'entraîne pas les mêmes conséquences : l'état de la végétation et l'intensité des gelées varient, en effet, avec les saisons.

Examinons les effets produits :

Les *gelées d'automne*, quand elles se produisent, ne sont guère à craindre que dans les vignobles situés dans les bas-fonds et lorsque le vent du nord succède à des pluies abondantes. Leur effet est de suspendre la végé-- tation : les sarments aoûtent mal et sèchent en partie. Si la vendange est encore sur pied, il en résulte sou--

---

[1] Quand on dit qu'une plante gèle, on ne veut nullement indiquer que sa température est inférieure à celle de la glace fondante, mais qu'elle est inférieure à la température minima à laquelle elle végète normalement. Ainsi la Vigne supporte des températures relativement basses sans en souffrir sérieusement.

vent une perte sérieuse, due à la mortification des raisins.

Le meilleur moyen de remédier aux effets des gelées d'automne, serait de cultiver des plants à aoûtement et à maturité précoces.

Les *gelées d'hiver* surviennent quand la température atteint de 10 à 15° au-dessous de zéro, et plus. Alors un certain nombre de souches périssent, d'autres gèlent jusqu'au niveau du sol, d'autres enfin perdent une partie de leurs coursons seulement. Si les bourgeons seuls sont tués — et cela arrive avec une température de 8° au-dessous de zéro en moyenne, dans les bas-fonds humides, — des rameaux stériles naissent souvent sur le vieux bois, au bas de la tige; on a alors un *retour de sève*, selon l'expression vulgaire.

À température égale, les Vignes sont d'autant plus atteintes qu'elles sont dans un milieu plus humide. Les vieilles souches, les plants qui s'aoûtent tardivement et mal, les ceps récemment déchaussés, sont plus endommagés que les autres. Les Vignes non taillées résistent mieux au froid que celles qui l'ont été.

Que faire contre les gelées d'hiver? Abriter les souches, soit en les buttant jusqu'à la naissance des bras, soit en les couchant sous terre. La terre meuble retenant une grande quantité d'air, corps très mauvais conducteur de la chaleur, constitue alors un bon milieu protecteur.

Les *gelées de printemps* sont de beaucoup les plus fréquentes. Leurs effets, pour être moins graves, en ce sens qu'ils n'entraînent pas la mort de la plante, mais seulement la perte de la récolte, n'en sont pas moins très fâcheux.

Les gelées de printemps sont de deux sortes : les unes sont appelées *gelées à glace* ou *gelées noires*, les autres sont des *gelées blanches*.

Les *gelées à glace* résultent d'un refroidissement général de l'atmosphère. Elles ont lieu avant les gelées blanches, dans une période qui coïncide avec la première végétation de la Vigne. On a remarqué depuis longtemps que lorsque l'atmosphère et le sol sont secs et que le dégel a lieu lentement et progressivement, le mal causé aux Vignes est presque insignifiant; qu'au contraire, lorsque le dégel est rapide, les rameaux déjà formés se mortifient et sèchent. Ceci nous rappelle l'habitude qu'ont nos vignerons d'attendre le lever du soleil pour aller visiter leurs Vignes après une nuit très froide : elles pourraient n'avoir que très peu de mal, mais le *coup de soleil* du matin, favorisant le dégel, tue les bourgeons, les *grille*, comme l'on dit.

Que doit-on faire en vue de diminuer les chances qui résultent des gelées à glace? C'est de chercher à obtenir un débourrement tardif. On y arrive de deux façons : soit en cultivant des plantes qui entrent en végétation tardivement, soit en ayant recours à des tailles tardives qui retardent l'entrée en végétation.

Les *gelées blanches* résultent d'un refroidissement du sol occasionné par le rayonnement qui s'établit à la surface de la terre vers le ciel. Les jeunes pousses qui en sont très rapprochées participent à cet abaissement de température, et elles meurent si elles sont amenées au-dessous de zéro.

C'est dans les lieux bas et humides, en avril ou au commencement de mai, vers 4 ou 5 heures du matin, qu'on a le plus à redouter l'action de ces phénomènes.

On peut prendre les mêmes précautions contre les gelées blanches que contre les gelées à glace, mais il existe encore d'autres moyens de préservation. Les uns offrent un caractère permanent : ils résultent des conditions mêmes d'établissement de la Vigne ; les autres ont un caractère temporaire : ils s'appliquent quand le besoin s'en fait sentir.

Les moyens à caractère permanent sont : la plantation des Vignes sur les coteaux, où les effets du rayonnement sont moindres que dans la plaine ou dans les vallées ; la conduite des Vignes en souches moyennes ou hautes, telles que les rameaux inférieurs ne souffrent pas trop de l'abaissement de la température du sol ; la suppression des murs, des haies, etc., qui arrêtent les courants d'air et facilitent alors le phénomène des gelées dans les vignobles où il se produit souvent ; enfin, la proscription des cultures intercalaires, qui offrent des surfaces rayonnant encore plus activement que le sol.

Les moyens temporaires consistent tous à couvrir la Vigne de corps formant écran, capables par conséquent d'empêcher le rayonnement.

Un moyen très ancien, déjà connu des Indiens avant la conquête des Espagnols[1], consiste dans la formation de *nuages artificiels*, obtenus en brûlant dans les Vignes des matières susceptibles de donner une fumée

---

[1] Pline le recommandait aussi. Voyez son *Histoire naturelle*, liv. XVIII, ch. XXIX. On doit au professeur Charles Toubin, de Salins, la mise en pratique de ces *nuages artificiels* oubliés depuis si longtemps.

très abondante. Les matières les plus communément employées à présent sont : le fumier, les herbes sèches et autres substances auxquelles on ajoute du coaltar ou des huiles lourdes, du gaz, etc.

On brûle aussi le coaltar dans des récipients de tôle que l'on dispose de 30 en 30 mètres.

Si l'air est calme — et c'est dans ces conditions que se produisent les gelées blanches, — la fumée se répand en une couche horizontale et épaisse qui arrête le rayonnement et ralentit le dégel (s'il a déjà gelé) en arrêtant les premiers rayons du soleil. Les combustibles une fois placés dans les Vignes, à quel moment doit-on les allumer? Là est le point difficile du problème, qui exige une grande vigilance de la part des personnes préposées à cet effet. Pour simplifier leur travail, c'est-à-dire pour supprimer la surveillance qu'elles doivent exercer sur les thermomètres placés préalablement dans les Vignes, on a imaginé des thermomètres avertisseurs électriques qui, lorsque la température atteint un certain degré, actionnent une sonnerie placée à côté de la personne chargée de diriger l'allumage. On se sert même actuellement d'allumeurs automatiques.

Remarquons encore que les échalas, dans les Vignes très fournies, exercent une certaine influence sur les gelées. On constate souvent dans les Vignes une différence de 3 degrés environ, par rapport à la température des terres découvertes. Mais l'avantage fourni par les échalas peut devenir un inconvénient, si la gelée succède à de fortes pluies, car une quantité beaucoup plus grande d'humidité est maintenue sur les Vignes.

Pour terminer ce qui a rapport aux gelées, faisons

remarquer que les terres fraîchement remuées et celles qui sont couvertes d'herbes sont plus favorables à la production des gelées blanches que celles qui sont propres et rassises ; aussi est-il bon, dans nos pays, de n'effectuer la première façon qu'en dehors du moment de la première végétation de la Vigne. (A. Picaud.)

ARTICLE IV. — GRÊLE

Les dégâts parfois considérables dus à l'action de la grêle sont bien connus. Ils ne nous arrêteraient pas, si les observations très curieuses de l'École de Montpellier n'avaient jeté un jour nouveau sur ce phénomène météorologique.

On sait que les jeunes pousses et les fruits atteints par les grêlons sont souvent détachés du pied et couvrent le sol quand ces derniers sont très gros ; ce qu'il y a de certain, c'est qu'ils éprouvent toujours des lésions graves qui compromettent leur développement ultérieur. Les plaies produites par la grêle se cicatrisent mal, grâce à la destruction des cellules des couches génératrices du bois dans la région frappée. Mais il y a une disproportion flagrante entre l'importance du mal et sa cause apparente. C'est ce qui a amené l'École de Montpellier à rechercher s'il n'interviendrait pas dans le phénomène en question un autre facteur que le choc mécanique produit par les grêlons.

On a remarqué que, *par un temps sec*, les grêlons échangent des étincelles avec le sol, d'où l'on en a conclu qu'ils jouent le rôle de petits accumulateurs qui se chargeraient entre les nuages pour se décharger au contact du sol. On s'est alors demandé si la mort des cellules des couches génératrices ne serait pas due à la décharge fournie par les grêlons. Une autre observation est venue pour ainsi dire corroborer cette manière de voir : c'est que la grêle est très peu dangereuse quand elle tombe mélangée à une pluie abondante. L'innocuité du phénomène, dans ce cas, doit être attribuée au fait que les grêlons se déchargent de leur électricité dans l'eau qui les enveloppe. L'expérience, d'ailleurs, répond parfaitement à ces hypothèses. De très faibles décharges obtenues au moyen de la bobine de Ruhmkorff déterminent des plaies qui se cicatrisent comme celles des Vignes grêlées. Et si le choc de balles en mastic de même densité et de même dureté que la glace, lancées avec une vitesse égale à la vitesse ordinaire des grêlons, produit des effets d'écrasement des tissus analogues à ceux produits par la grêle, on peut toujours affirmer que l'électricité joue un rôle prépondérant dans les effets dus à l'action de la grêle, puisque, lorsque la pluie la supprime, le mal disparaît ou diminue tout au moins.

La grêle peut arriver au début de la végétation ou plus tard. Dans le premier cas, elle détermine sur les jeunes rameaux des meurtrissures profondes. Ces rameaux restent rabougris et le cep lui-même n'a plus qu'une végétation misérable. La taille s'en ressent vivement. Dans le second cas, les sarments, mieux lignifiés, souffrent peu, mais les grains des raisins atteints sont déformés et n'arrivent pas à leur développement normal. De plus, si le pédoncule de la grappe est touché, la partie située au-delà se dessèche et tombe.

Il n'y a pas de remède à proprement parler à apporter contre la grêle. Les *paragrêles* ne peuvent agir que sur les nuages placés au-dessus du point où ils sont établis, et l'on sait fort bien que c'est loin du point où ils éclatent que se forment les orages à grêle. (A. Picaud.)

ARTICLE V. — VENTS VIOLENTS

Les vents violents ne sont guère à redouter qu'au début de la végétation. A ce moment, ils détachent les rameaux qui sont tendres, cassants et libres de tout lien.

Si, dans un vignoble quelconque, les vents violents sont fréquents, et si l'usage est de planter les Vignes en lignes, il faut orienter ces lignes de manière à ce qu'elles suivent la direction des vents dominants. Les Vignes ainsi disposées s'abritent mutuellement et offrent une plus grande résistance aux vents que si elles étaient frappées latéralement. (A. Picaud.)

ARTICLE VI. — COULURE

On appelle *coulure* le défaut résultant des fleurs mal fécondées ou avortées, des fruits qui n'ont pas noué.

La *coulure naturelle* est la conséquence d'un vice constitutionnel.

La coulure accidentelle dépend de la richesse ou de la pauvreté du sol, ou des influences atmosphériques (pluies continues et température trop basse) ou de l'affaiblissement de la Vigne.

Dans le premier cas, l'unique remède consiste dans le paillasson inventé par M. Guyot. Quant au second, on y remédie par les engrais et la taille courte.

§ I. Traitement

Nous exposerons le traitement d'après M. Ch. Baltet[1].

I. — L'excès de végétation sera réprimé, ou plutôt utilisé au profit de la production fruitière par une méthode rationnelle de culture, comprenant la taille longue des sarments de charpente et la taille mixte des branches à fruits.

II. — La végétation chétive deviendra luxuriante avec une culture améliorante par les engrais azotés et potassiques et par une taille raisonnée.

Sur ces deux premiers points nous laissons à chacun le soin d'étudier les milieux où croît la plante, et, par une application sage et prudente, de prévenir les effets produits par ces deux situations extrêmes.

Nous abordons les moyens de combattre l'influence des intempéries.

III. — L'influence des intempéries sera détournée par la concentration sur l'appareil floral des éléments favorables au développement du raisin. Nous y parviendrons par l'application simple ou combinée des opérations suivantes :

1° Le pincement des rameaux fructifiants;

---

[1] Baltet, *la Coulure des Raisins*, Troyes. 1887; *les Moyens d'empêcher la coulure*.

2° La suppression des vrilles ;

3° L'écimage de la grappe ;

4° L'incision annulaire du sarment ;

5° Le greffage du cep.

1° *Pincement des scions fructifiants*. — Le pincement, c'est-à-dire le rognage des rameaux fructifiants, équilibre la végétation du cep et contribue à donner de la nourriture au fruit, en même temps qu'il dispose le sarment à la lignification. L'absence du pincement serait au détriment de la charpente équilibrée du plant de Vigne et contraire à la beauté du fruit, la force absorbante des feuilles étant supérieure à celle des raisins. Par la même raison, un rognage tardif sur des rameaux vierges de mutilation antérieure produirait un mauvais effet par suite d'une réaction violente, et le fruit ne pourrait plus regagner ce qu'il aurait perdu.

2° *Suppression des vrilles*. — Supprimer les vrilles, vulgairement les fourches, qui poussent sur la grappe et sur le sarment, c'est favoriser le développement du raisin et atténuer l'action de la coulure.

Le retranchement des vrilles se pratique pendant toute la saison, mais il est indispensable de profiter de l'époque de la floraison de la Vigne pour couper les vrilles qui bifurquent sur les grappes.

Le début de la floraison et les quelques journées qui la précèdent constituent la période d'efficacité. Plus tard la coulure serait un fait accompli, il n'y aurait plus de remède.

L'ablation de la vrille se fait avec les doitgs et mieux encore avec des ciseaux. On élague cette végétation gourmande et superflue au ras du pédoncule du raisin, en ménageant un petit talon. Des femmes ou des enfants sauront bien s'acquitter de cette besogne facile.

3° *Écimage de la grappe.* — On se contente de retrancher le sommet du thyrse floral lors de son épanouissement. Comme chez la plupart des végétaux à floraison paniculée, le degré de floraison se manifeste plus tardivement sur cette extrémité ; il est donc à supposer que la réaction occasionnée par « l'ébouquetage » tourne au profit de la fécondation.

L'écimage de la grappe pourrait se faire avec la main, les ongles pratiquant facilement la section du pédoncule auxiliaire, cependant nous préférons une paire de ciseaux analogues à ceux qui servent à Thomery au ciselage des raisins.

Le moment favorable à l'opération de l'écimage est la période de floraison de la Vigne. La fraction retranchée équivaut au quart ou au cinquième de la longueur de la grappe. Les ailes seront écimées en même temps, et les grappes superflues retranchées complètement.

4° *Incision annulaire de la Vigne.* — (Incision double ou simple). L'incision annulaire est une opération par laquelle on enlève un anneau d'écorce sur une branche. En disant écorce, nous comprenons toute l'épaisseur des couches corticales sans que l'aubier soit entamé. Il en résulte une perturbation dans la végétation normale du sujet et une tendance pléthorique. La partie située au dessus de l'incision ralentit sa croissance en longueur, tout en augmentant momentanément sa croissance en diamètre.

La solution de continuité ne doit pas être trop étendue; il convient que le bourrelet formé de nouveau tissu et produit par la sève descendante puisse rejoindre la lèvre inférieure et cicatriser la blessure avant la fin de l'année. Une largeur de 1 ou 2 millimètres suffit pour la Vigne.

Si la branche incisée porte des bourgeons fructifères, et si la décortication a lieu pendant la floraison de l'arbuste, surtout à la phase initiale de cette période, plutôt avant qu'après, le fruit placé au-dessus de la section annulaire nouera mieux, son volume sera supérieur, son coloris vigoureusement accentué, et sa maturation plus précoce. Si on attendait, au contraire, pour opérer, que l'épanouissement des fleurs fût terminé, l'influence de l'incision contre la coulure serait nulle; on obtiendrait à peine une légère avance dans la maturité du fruit.

Par une observation attentive des faits et des résultats, on peut dire, que sur la Vigne, l'incision a plus d'efficacité :

1° Dans un pays froid au printemps, brumeux à l'automne, et d'une température inégale en été;

2° Sous un climat vigoureux, humide, tardif;

3° Dans un sol riche, fournissant une végétation abondante;

4° Avec des cépages vigoureux, robustes, ou produisant des raisins à maturité tardive, ou sujets à la coulure;

5° Sur une Vigne conduite à long bois, plutôt que sur une Vigne soumise exclusivement à la taille courte.

Une sécheresse excessive, une terre pauvre, une Vigne malade, un cep chétif, un brin faible, sont de mauvaises conditions pour l'application de l'incision.

Nous verrons tout à l'heure que, sur un cep de Vigne, on peut substituer à l'enlèvement d'un anneau d'écorce une simple coupure circulaire de l'enveloppe corticale. Au point de vue théorique, il y aura moins de perturbation dans l'économie du végétal, au point de vue pratique, le travail est rendu plus facile. Ce serait alors l'incision simple et circulaire, au lieu de l'incision double et annulaire. On a parlé de la torsion du long bois, de la strangulation, de la perforation; leur effet est moins énergique que celle de l'annellation. Ces obstacles, au cours de la sève, exciteront encore le développement des bourgeons de remplacement ménagés sur le courson, et l'incision simple ne provoquera pas de pléthore ni la chute prématurée des feuilles au-delà de l'entaille, autant que la décortication annulaire.

Pratique de l'incision. — A l'origine de l'incision, on se servait de couteau, de serpette ou de ciseau pour couper l'écorce; on agissait même par strangulation ou rétrécissement subit, à l'aide d'un corps dur. Plus tard, on inventa des pinces à lames doubles, fixes ou mobiles, séparées par un intervalle de quelques millimètres pour découper une lanière transversale d'écorce d'une largeur équivalente. Cet outil dit bagueur, coupe-sève ou inciseur, est indispensable pour pratiquer l'incision double ou annulaire.

La Vigne se prêtant à l'incision simple ou circulaire, on peut se contenter de la pince à lames simples, légèrement acérées, échancrées à leur point de contact. On va beaucoup plus vite en besogne, et l'outil coûte meilleur marché.

L'époque la plus favorable à l'opération est pendant

la floraison de la Vigne, plutôt au début qu'à la fin, c'est-à-dire qu'il y aura plus d'efficacité à inciser sous une grappe qui commence à épanouir ses fleurs que sous une grappe défleurie. Le fluide, circonscrit tardivement, pourrait encore seconder la maturation du fruit et prévenir l'atrophie de raisins noués, mais débordés par une végétation foliacée excessive, résultant de pluies abondantes et continues.

On pratique l'incision immédiatement au-dessous de la grappe — à quelques yeux près, — une incision au-dessus des grappes produirait un effet diamétralement opposé.

On a soin de ne pas opérer une branche destinée à continuer la structure du cep, et de ne point meurtrir la base du sarment qui sera conservé à l'état de courson lors de la taille suivante.

D'après la constitution anatomique de la Vigne, on opère avec un succès égal sur une branche de deux ans portant plusieurs pampres, ou sur un scion herbacé, au-dessous des grappes que l'on veut favoriser. Avec une branche garnie de rameaux fructifiants, une seule incision placée à sa base agit sur tous les rameaux placés au-dessus d'elle. Nous répétons encore que cette branche sera supprimée à la taille et ne constitue pas la charpente du cep.

Donc si l'on a conservé un long bois arqué, ployé, incliné ou dressé, il suffira de pratiquer l'incision sur la partie ligneuse en deçà de l'empâtement des scions portant fruit et au-delà des scions que l'on doit conserver l'année suivante pour former le futur courson de remplacement et la future branche à fruit.

Pour opérer, on tient l'instrument par les branches avec une seule main, tandis que l'autre main soutient le brin à inciser. Puis, saisissant le rameau entre les lames, on imprime à l'outil un mouvement tournant alternatif de droite à gauche, le rameau représentant l'axe de rotation, de telle sorte que la coupure de l'écorce soit régulière sur la surface externe du sarment. L'écorce de la Vigne étant pour ainsi dire confondue avec l'aubier à peine lignifié, il ne faut pas appuyer trop fort sur l'outil, sans quoi le scion ou le rameau tomberait. D'ailleurs, un palissage préalable ne serait pas superflu.

La main-d'œuvre est insignifiante en raison des résultats à obtenir. Jadis, il fallait quinze jours pour mal inciser un hectare à l'aide d'une serpette. Aujourd'hui, avec les outils spéciaux, quatre jours suffisent, et le travail est bien fait.

5° *Greffage du cep.* — On avait déjà constaté chez les plants de Vigne greffés une plus grande fécondité et l'on ne tarda pas à reconnaître qu'avec le greffage, la coulure du raisin perdait sensiblement ses droits. Dans la greffe, le bourrelet qui se manifeste au point de jonction peut, par sa présence, ralentir sur les branches les arrivages de la sève brute des racines en y accumulant, au contraire, la sève élaborée par l'action respiratoire des organes aériens ; alors le liber deviendra plus riche en carbone et les bourgeons tiendront en réserve des éléments de fécondité.

Le greffage excitera les végétaux à la floraison et à la fructification.

ARTICLE VII. — MILLERANDAGE

On appelle *milleran*[1] l'avortement partiel des grains de raisin. Cet accident reconnaît les mêmes causes que la coulure.

Les grappes millerandées sont lâches et formées de grains d'inégale grosseur, les uns verts, les autres rouges et noirs.

Le milleran s'observe sur les Vignes épuisées par les maladies. Il se produit aussi à la suite d'un abaissement de température et de pluies survenues pendant la floraison. Le *Pineau* et le *Gamay* y sont particulièrement sujets.

Voici comment M. de Malafosse explique la production du millerandage : une partie des fleurs qui auraient dû fleurir au début dans la grappe coule, ce qui permet aux fleurs retardataires, qui avortent le plus souvent par suite de la bonne fécondation des premières, de nouer leurs fruits. Mais ces fruits, formés tardivement et soumis à la concurrence des premiers venus se développont d'une manière imparfaite.

Pour combattre le millerandage, on emploie les mêmes moyens que pour combattre la coulure déterminée par les intempéries.

ARTICLE VIII. — ÉCHAUDAGE

L'*échaudage* n'est à redouter que dans les régions méditerranéennes. Il est le résultat de l'action très

---

[1] *Millerand* ou *milleraud*.

intense de la radiation solaire sur les raisins, dans les mois de juillet et d'août. Non seulement il diminue la quantité de la récolte, mais encore il en altère la qualité.

Les raisins qui souffrent le plus de l'échaudage sont ceux qui, après avoir été longtemps à l'abri de l'action du soleil, y sont subitement exposés; ils rougissent dans la partie échaudée. Sont-ils peu avancés, il se dessèchent; sont-ils, au contraire, en pleine véraison, leurs pédicelles se ramollissent, deviennent rougeâtres, et, au lieu de devenir noirs, ils restent rouges.

ARTICLE IX. — POURRITURE DU RAISIN

La pourriture du raisin s'observe souvent dans les années dont l'automne est humide et pluvieux. Les raisins à suc aqueux, et principalement ceux qui sont portés par des ceps situés dans des terrains bas, sont plus spécialement endommagés par cet accident. Pour prévenir celui-ci, il est bon de recourir au drainage du sol et à l'élévation des souches. Si cela ne suffit pas, on effeuille la Vigne un peu avant la récolte, de manière à faciliter la circulation de l'air. Toutefois, cet effeuillage doit être dirigé d'une certaine façon : on choisira un temps couvert et on supprimera, non pas les feuilles interposées entre le soleil et les grappes, mais celles de dessous. De cette façon, les raisins seront soumis à l'action des courants d'air, ils s'échaufferont mieux sous l'influence du rayonnement et de la réverbération du sol et leur maturation s'achèvera plus facilement.

DEUXIÈME PARTIE

LES TERRAINS FAVORABLES A LA CULTURE DE LA VIGNE

CHAPITRE PREMIER

ADAPTATION ET ACCLIMATATION

Le grand problème à résoudre dans la reconstitution de nos vignobles se trouve dans l'adaptation de chaque espèce à notre climat et à notre sol. C'est pour avoir négligé cette double étude que beaucoup de viticulteurs n'ont recueilli que des insuccès pour fruit de leur conduite hasardeuse. Aujourd'hui, la résistance au Phylloxera d'un grand nombre de cépages américains n'est plus mise en doute. Partout où les Vignes françaises ont péri, les Vignes américaines ont résisté. Cependant, diverses variétés de Vignes du Nouveau-Monde se sont montrées beaucoup plus sensibles aux piqûres du parasite, parce que ces cépages sont mal adaptés au sol où on les cultive, tandis que ces mêmes variétés sont très prospères dans les terrains qui leur conviennent ; d'où il faut conclure que l'adaptation au sol est d'une importance capitale. En effet, l'expérience nous démontre tous les jours que les insuccès signalés dans beaucoup de localités, à côté de merveilleux succès obtenus en d'autres, ont presque toujours pour cause une antipathie très marquée de certains cépages pour des sols qui leur sont contraires. Grâce à une longue série d'expériences qui ont été faites sur tous les points de nos départements méridionaux, le problème de l'adaptation au sol est résolu pour les principaux terrains. On peut espérer que bientôt une nouvelle ère de prospérité sera donnée à notre viticulture ; nos vignobles reprendront la réputation universelle qu'ils avaient si justement conquise, et la France retrouvera dans les vins qui font sa gloire une source de nouvelles richesses.

Quant au climat, l'altitude et l'exposition peuvent influer de trois manières :

1° Elles peuvent ne pas permettre aux cépages américains de mûrir leurs fruits ;

2° Elles atténuent l'influence de certaines propriétés physiques du sol ;

3° Elles permettent le développement de plusieurs maladies cryptogamiques.

Plusieurs cépages ne réussissent pas bien dans le climat méditerranéen et donnent de bons résultats dans des terrains analogues où l'atmosphère est plus humide.

CHAPITRE II

ANALYSE DES TERRES ARABLES

Bien que l'expérience suffise ordinairement pour connaître la nature des principales terres, nous croyons devoir donner quelques moyens simples et faciles pour analyser les principales substances qui concourent à la fertilité du sol.

Après avoir fait sécher la terre de manière que toute l'eau soit évaporée, on la broie, puis on la tamise pour en séparer le gravier et autres parties grossières que l'on conserve pour être analysées séparément.

ARTICLE PREMIER. — TERRES CALCAIRES

Les terres calcaires se dissolvent avec effervescence au contact des acides. On prend de bon vinaigre ou de l'acide muriatique que l'on étend dans trois parties d'eau, dans un verre. On jette quelques grains de terre dans le liquide, et s'ils se dissolvent complètement, cette terre est composée de carbonate de chaux.

Lorsque les parties grossières font effervescence, au contact des acides, elles sont aussi calcaires ; mais elles peuvent se trouver mêlées à d'autres matières, par exemple, avec de la silice, de l'alumine, des débris végétaux ou animaux. Les terres calcaires ont pour base le carbonate de chaux mélangé avec de l'argile et du sable. Elles sont douces au toucher et deviennent très friables en se desséchant. Ces terres sont favorables à la Vigne. Quand le sable ne dépasse pas 10 pour 100, elles sont appelées argilo-calcaires.

ARTICLE II. — TERRES SILICEUSES OU SABLEUSES

Lorsque les terres sont composées de silice pure, les acides ne produisent aucune effervescence. Elles sont rudes au toucher et raient le verre. Le plus souvent, elles se trouvent mélangées à des débris de grès, de cailloux ou silex. Ces terres renferment au moins 55 pour 100 de silice. Elles sont très perméables à l'eau et s'échauffent promptement ; mais elles offrent l'inconvénient de se dessécher très vite. On les appelle terres chaudes, par opposition aux terres froides ou argileuses.

ARTICLE III. — TERRES ARGILEUSES OU ALUMINEUSES

Ces terres sont composées d'argile ou silicate d'alumine hydraté, d'oxyde de fer et d'un peu de silice. Elles sont douces et onctueuses au toucher, se pétrissent facilement et se moulent sous toutes les formes. Peu perméables à l'eau qu'elles retiennent longtemps, elles se crevassent et durcissent beaucoup par la sécheresse. Ces terres contiennent de 80 à 85 pour 100 d'argile et le reste est composé de sable. Elles sont impropres à la culture.

ARTICLE IV. — HUMUS

L'humus provient de la décomposition des matières animales ou végétales. La coloration plus ou moins brune du sol est un indice de l'existence des matières que l'on confond ordinairement sous le nom d'humus. Pour connaître si une terre est riche en humus, on prend 40 ou 50 grammes de cette terre que l'on fait bien sécher. On la fait ensuite bouillir pendant quelques minutes dans une dissolution de carbonate de potasse ou de carbonate de soude, et le liquide sera d'autant plus coloré en brun que la proportion d'humus sera plus forte. On peut également se servir d'eau de lessive qui agit par le carbonate de potasse contenu dans les cendres.

ARTICLE V. — OXYDE DE FER

Pour reconnaître l'oxyde de fer renfermé dans une terre, on prend 100 grammes de cette terre que l'on fait bien sécher. On la fait ensuite bouillir pendant un quart d'heure dans quatre fois son poids d'eau. On agite la masse et on laisse reposer pendant quelques minutes. Les matières pesantes ne tardent pas à se précipiter au fond du vase. Le liquide est ensuite versé sur un filtre, et l'eau chargée des sels qu'elle a pu dissoudre ne tarde pas à couler au fond du récipient. On verse sur le produit resté sur le filtre de l'acide muriatique dilué dans quatre parties d'eau. Cet acide a la propriété de dissoudre le carbonate de chaux, celui de magnésie et l'oxyde de fer. Après avoir filtré la dissolution, on reconnaît que l'acide muriatique a dissous l'oxyde de fer en jetant dans le liquide de l'écorce de chêne ou de redoux. Si le liquide prend une teinte brunâtre ou noirâtre, l'oxyde de fer est dissous. Pour en déterminer la quantité, on verse du prussiate de potasse jusqu'à ce qu'il ne se fasse plus de précipité bleu. Ensuite on laisse déposer la liqueur; on chauffe au rouge le dépôt, et ce qui reste est la quantité d'oxyde de fer.

ARTICLE VI. — CHAUX

Une fois que le fer est dégagé, il ne reste plus que la chaux et la magnésie. On verse une dissolution de carbonate de soude, jusqu'à ce qu'il ne se fasse plus de précipité. Puis on décante la liqueur; on fait sécher le produit, et son poids donne la quantité de carbonate de chaux. Lorsque le carbonate est coloré par des matières animales ou végétales, on chauffe au rouge le produit jusqu'à ce que le résidu soit devenu tout à fait blanc.

ARTICLE VII. — SULFATE DE CHAUX OU PLATRE

Pour reconnaître la présence du plâtre dans une terre, on prend un poids déterminé de cette terre que l'on mélange avec un tiers de charbon de bois réduit en poudre. Le mélange est chauffé au rouge pendant 20 minutes. On fait ensuite le mélange dans un demi-litre d'eau ; on filtre la liqueur dans un vase ouvert, et au bout de quelque temps, il se forme un précipité blanc qui donne approximativement la proportion.

CHAPITRE III

DES PRINCIPAUX TERRAINS ET DES CÉPAGES A Y ADAPTER

Dans l'étude des terrains, il est très important de se rendre compte de la nature du sous-sol. La terre végétale reposant sur un sous-sol imperméable offre un grand inconvénient à la culture, principalement à celle de la Vigne. Les qualités et la valeur d'un terrain ont une certaine relation avec la nature et les propriétés du sous-sol sur lequel repose la couche de terre arable.

Comme M. Viala l'a fait remarquer, les variétés américaines réussissent bien dans les terres de nature siliceuse et colorées en rouge par du fer peroxydé; mais un bon nombre de ces Vignes peuvent réussir dans d'autres milieux.

Afin de faciliter le choix des cépages à adapter aux principaux terrains, nous donnerons quelques indications recueillies par des viticulteurs très compétents.

1° Terres d'alluvion humides, riches et fraîches : Jacquez, Cunningham, Solonis, Riparia sauvage, R. glabre, R. tomenteux, Taylor, Vialla.

2° Terres profondes, un peu fortes, s'égouttant facilement par suite de la nature du sous-sol : Jacquez, Cunningham, Riparia sauvage, Solonis, Vialla, Taylor.

3° Terres profondes, légères, caillouteuses, conservant assez d'humidité en été : tous les Riparia, Jacquez, Black-July, Cunningham, Vialla, Elvira, Taylor, Franklin, Clinton, Concord, Rupestris, Herbemont.

4° Terres caillouteuses, sèches, arides : Rupestris, Riparia sauvage, York-Madeira.

5° Terres d'alluvion, humides ou argileuses, profondes : Cinéréa.

6° Terres calcaires peu profondes, à sous-sol crayeux ou granitique : Rupestris, Solonis.

7° Terres rouges à sous-sol crayeux ou tuffeux, ou terres salées ou humidés : Solonis.

8° Terres profondes, un peu fortes, colorées en rouge par le fer peroxydé, à cailloux siliceux, s'égouttant facilement, mais pas trop sèches en été. La plupart des cépages américains.

TROISIÈME PARTIE

TROISIÈME PARTIE

LES PRINCIPAUX CÉPAGES

CHAPITRE PREMIER

VIGNES AMÉRICAINES

Les Vignes européennes ont pour unique espèce le *Vitis vinifera;* mais le Nouveau-Monde possède de nombreuses espèces qui, par le semis et l'hybridation, ont donné naissance à un grand nombre de variétés. Nous nous contenterons de citer celles que les viticulteurs français ont admises dans leurs vignobles, et qui, par leur rusticité ou leur production, méritent d'être cultivées. Les cépages américains qui ont donné jusqu'ici, en France, les meilleurs résultats, soit comme porte-greffe, soit comme producteurs directs, appartiennent aux espèces-types : *Æstivalis, Riparia, Rupestris, Cinerea* et *Cordifolia.*

VITIS
Vitis Æstivalis

Les Æstivalis sont les Vignes américaines qui ont le plus d'analogie avec nos Vignes européennes. Le jeune bois est strié, tantôt lisse, tantôt pubescent. Les sarments sont érigés, les feuilles grandes, entières ou découpées, plus ou moins laineuses à la face inférieure. Le bois mûr est roussâtre, garni de poils de même couleur sur les principales nervures. Les Æstivalis ont l'inconvénient de reprendre assez difficilement de bouture.

Vitis Riparia

La famille des Riparia compte aujourd'hui un bon nombre de variétés excellentes comme porte-greffe. Les cépages de ce groupe offrent une grande facilité pour le bouturage et ont beaucoup d'affinité avec nos plants français. On remarque surtout qu'ils ont peu de Phylloxeras sur leurs racines, qu'on trouve ordinairement saines. L'écorce du bois de deux ans est très adhérente, fendillée en lanières étroites et entrecroisées. Les feuilles sont trilobées, rarement quinquélobées, souvent cordiformes, subtrilobées à l'extrémité des rameaux. Les Riparia sont les plants par excellence pour les terrains à sous-sol bien drainé.

Vitis Rupestris

Les espèces de cette famille sont désignées sous le nom général de Rupestris. Quelques-unes offrent une végétation plus forte et des feuilles plus grandes. Le Rupestris est le cépage porte-greffe des terrains secs, caillouteux et marneux. Sa résistance à la plus grande sécheresse et sa reprise facile en font un plant de premier ordre. Les Vignes de cette famille sont buissonnantes, tigrées, indemnes. Les feuilles sont glabres, à limbe mince, rarement lobées, pliées en forme de gouttière. Toutes les variétés françaises se soudent très bien sur le Rupestris.

Vitis Cinerea

Cette Vigne se distingue des autres par son reflet cendré, sa cannelure polygonale et ses feuilles très découpées. Le Cinéréa est un excellent porte-greffe pour les terrains humides ou mal drainés. Il réussit dans les sols où aucune autre Vigne ne pourrait vivre. On lui reproche d'être difficile à la reprise en bouture.

Vitis Cordifolia

Cette Vigne tire son nom de sa feuille en forme de cœur. Par l'hybridation avec des Riparia et des Rupestris, elle a donné naissance à plusieurs variétés. Ce cépage est réfractaire à la reprise en bouture; mais il offre l'avantage d'être très résistant à la chlorose. L'écorce du bois de deux ans est peu adhérente, et se détache de la tige en larges plaques. Les feuilles sont rarement trilobées; leur face inférieure est plus luisante que la supérieure.

1. AUTUCHON

Hybride d'Arnold, semis de Clinton croisé avec le Chasselas doré. Souche vigoureuse. Port étalé. Écorce se détachant en lanières. Sarments assez longs, cannelés, très ramifiés. Mérithalles assez allongés, lisses, cylindriques. Feuilles moyennes, quinquélobées, glabres, vert foncé, luisantes en dessus, vert pâle en dessous et hérissées de poils sur les nervures. Grappe moyenne, cylindrique, allongée. Grains moyens, lâches, sphériques, violet clair ou brunâtre, d'un goût peu foxé.

L'Autuchon est assez résistant au Phylloxera ; mais il est sensible aux atteintes du mildiou. Cépage assez précoce, mais peu fertile. D'après M. Miller, éminent viticulteur américain, l'Autuchon est un plant d'avenir à cause de l'excellence et de la finesse de son vin qui peut rivaliser avec les meilleurs vins blancs. Ce cépage demande un sous-sol bien perméable.

2. ARIADNE (Fig. 58)

Hybride du Clinton et du Newburg. Souche vigoureuse. Port semi-érigé. Sarments courts. Feuilles moyennes, grossièrement dentées. Grappe moyenne, serrée. Grains petits, sphériques, noirs avec fond bleu. Cette Vigne, encore peu répandue, est très fertile. Elle demande un sous-sol bien drainé.

Fig. 58. — Ariadne.

3. BACCHUS (Fig. 59)

Provenant d'un semis de Clinton, mais bien supérieur à ce cépage comme fertilité. Souche vigoureuse. Port

Fig. 59. — Bacchus.

étalé. Sarments longs. Feuilles moyennes, cordiformes ou trilobées. Grappe moyenne. Grains moyens, sphériques, noirs.

Ce cépage donne un vin rouge foncé, très alcoolique, de qualité excellente. Il résiste très bien à toutes les maladies de la feuille. Ses racines se sont montrées à l'épreuve du Phylloxera. Le Bacchus exige un bon terrain et demande une taille longue, afin de modérer son exubérante végétation.

4. BAXTER

Æstivalis. Vigne se rapprochant beaucoup de l'Herbemont. Sa maturité très tardive fait qu'elle ne peut réussir que dans la région méditerranéenne. Souche vigoureuse. Port étalé. Sarments longs. Mérithalles un peu courts. Feuilles grandes, profondément sinuées. Grappe cylindrique, grosse et longue. Grains petits, noir pruiné, à chair ferme et à peau épaisse. Au printemps, ce cépage donne des tiges allongées, roses, dépourvues de feuilles. Le Baxter est rustique; quant à sa fertilité, elle paraît être la même que celle de l'Herbemont.

5. BLACK-DEFIANCE (FIG. 60)

Hybride d'Underhill, provenant d'un croisement entre le Concord et le Black-Saint-Peters. Les viticulteurs américains font le plus grand éloge de ce cépage. Dans le Bas-Languedoc, il a déjà fait ses preuves et paraît devoir être un de nos meilleurs producteurs directs. Il est réfractaire à toutes les maladies cryptogamiques. Dans un style humouristique, M. Champin dit de ce cépage : « Ce noir qui propose à tous les autres un défi

de lutter avec lui, et qui avait pour premier champion
M. Piola, de Libourne, ne triomphera pas sans combat.
Blague et Méfiance, murmurait le vieux et prudent

FIG. 60. — Black-Defiance.

régisseur de Mme Ponsot ; il ne mûrira pas, déclaraient les
uns ; il ne résistera pas, ajoutaient les autres ; s'il tient
seulement le quart de ses promesses, disais-je moi-

même, ce sera le phénix des hôtes de nos Vignes... Il commence à tenir ses promesses ; il mûrit bien, il résiste bien ; il a des raisins plus beaux que ceux de l'Othello, et ce magnifique feuillage n'est point endommagé par les cryptogames aériennes ; il se colore, en automne, de plaques richement nuancées d'un beau rouge vineux, nettement dessinées et artistement serrées sur les bords, espacées sur le fond. Vin riche en couleur et en alcool, parfaitement neutre, comme on dit dans la Gironde, pour dire très franc de goût. » Cette Vigne craint les terrains trop secs.

6. BLACK-EAGLE

Hybride de *Labrusca* et de *Vinifera*. Il est considéré par plusieurs viticulteurs comme l'un des meilleurs cépages hybrides. Souche vigoureuse. Sarments longs. Feuilles grandes, d'un beau vert foncé, profondément lobées. Grappe grosse. Grains gros, noirs. Le Black-Eagle est très apprécié aux États-Unis, principalement dans la Géorgie où on le considère comme un plant d'avenir. Son raisin est excellent pour la table et pour la cuve. Maturité précoce.

7. BLACK-JULY (Fig. 61)

Æstivalis. Producteur direct produisant d'excellents fruits sans goût foxé. Souche très vigoureuse. Port étalé. Sarments longs, gros ou moyens, très ramifiés. Feuilles moyennes, entières ou trilobées, vert foncé,

glabres, soyeuses sur les nervures, pâles en dessous.
Grappe moyenne, souvent ailée. Grains petits, noir^s

FIG. 61. — Black-July.

ou rouge pruiné. Le Black-July est assez productif à
taille longue. Il donne un vin rose foncé d'un bouquet
excellent. Ce cépage craint les terrains trop humides

et ne réussit admirablement que sur les coteaux exposés
au midi.

S. BRANDT (Fig. 62)

Hybride d'Arnold, provenant d'un croisement du
Clinton avec le Saint-Peters noir. Souche vigoureuse.
Port semi-érigé. Sarments un peu grêles; bois rouge

Fig. 62. — Brandt.

foncé, fortement cannelé. Mérithalles longs. Jeunes
feuilles rouges; les adultes profondément lobées et à
dents aiguës, glabres sur les deux faces. Grappe
moyenne, légèrement ailée. Grains moyens ou petits,

Fig. 63. — Buenos-Aires.

noirs. Cépage fertile. Maturité précoce. Cette Vigne, déjà répandue dans la vallée du Rhône et dans la Bourgogne, est très résistante au Phylloxera. Elle donne un vin d'un beau rouge, très riche en alcool. Son bouturage facile et son accommodement avec les principaux terrains, pourvu qu'ils ne soient pas trop secs, en font un précieux cépage pour le sud-est et le sud-ouest de la France.

9. BUENOS-AIRES (Fig. 63)

Le Buenos-Aires, introduit en France par M. Pécout, (château de la Malaterre, près la Tour d'Aigues (Vaucluse), s'annonce comme un cépage de premier mérite. Sa résistance au Phylloxera n'est pas encore très certaine. Souche vigoureuse. Feuilles assez grandes. Grappe grosse, longue. Grains rosés ou violacés. Cette Vigne donne un vin blanc excellent, d'un bouquet très agréable.

10. CANADA (Fig. 64)

Hybride d'Arnold, provenant d'un croisement avec le Clinton et le Black Saint-Peters. Souche vigoureuse. Port semi-érigé. Sarments courts, de grosseur moyenne. Mérithalles courts, striés. Feuilles laineuses dans la jeunesse, moyennes, quinquélobées, glabres, vert foncé en dessus, d'un vert pâle en dessous et munies de poils sur les nervures. Grappe moyenne. Grains un peu au-dessus de la moyenne, noirs, ovoïdes. Goût non foxé. Cette variété donne un vin excellent, d'un beau rouge.

Comme arome, il a beaucoup d'analogie avec le Pineau. Ce cépage, justement vanté, réussit admirablement dans le Centre. Il résiste très bien au Phylloxera et au Mildiou, et demande un sol riche, frais et profond.

Fig. 64. — Canada.

11. CHAMPIN

Hybride de Rupestris avec Mustang. Souche vigoureuse. Port étalé. Sarments un peu grêles, rugueux, ramifiés. Mérithalles courts, irrégulièrement striés. Feuilles petites, cordiformes ou orbiculaires, légèrement pliées en gouttière, vert foncé en dessus, garnies de poils blanchâtres en dessous. Grappe petite, allongée. Grains peu serrés, sphériques, petits, noir violacé. Ce cépage, bien résistant au Phylloxera, est un excellent porte-greffe pour les sols secs.

12. CINÉRÉA

Espèce sauvage d'Amérique, très caractérisée par ses sarments côtelés et pubescents, ses feuilles très découpées, grandes, atteignant jusqu'à 30 centimètres dans les bas-fonds. Grappe petite. Grains très petits, peu pruinés, acides, non foxés. Porte-greffe excellent pour les terrains crétacés, marécageux, difficiles à égoutter. Reprend difficilement de bouture.

13. CLINTON

Cépage vigoureux, convenant aux terrains à base de fer. Port étalé. Sarments longs et grêles. Mérithalles allongés. Feuilles moyennes, cordiformes, quelquefois trilobées, velues dans la jeunesse, vert assez foncé en dessus, glabres ; plus pâles en dessous et ciliées sur les nervures. Grappe moyenne. Grains petits, noirs.

Le Clinton est très sujet à la chlorose et se développe mal dans les terrains maigres et secs. Comme producteur direct, il donne peu, mais son vin est très alcoolique. C'est un très bon porte-greffe pour les terrains silico-ferrugineux.

14. CORDIFOLIA RUPESTRIS

Cépage très vigoureux, supérieur au Riparia comme porte-greffe, s'accommodant très bien des sols secs, prenant facilement de bouture, mais assez difficilement de greffe. Port étalé. Sarments longs, minces, striés. Mérithalles allongés. Feuilles entières, cordiformes, petites, aussi larges que longues ; face supérieure glabre, lustrée ; face inférieure pâle, avec de petits bouquets de poils sur les nervures. Grappe petite. Grains petits, sphériques, noirs, à jus acide.

15. CORNUCOPIA

Hybride d'Arnold. Croisement du *Clinton* avec le *Black Saint-Peters*. Cépage cultivé depuis dix ans dans le Beaujolais et le Lyonnais, où il est estimé à cause de sa vigueur, de sa précocité et de son excellent vin. Souche assez vigoureuse. Port étalé. Écorce se détachant en lanières. Sarments longs, grêles, cylindriques, rugueux. Mérithalles moyens et nœuds aplatis. Jeunes feuilles rousses, légèrement gaufrées, à dents peu profondes ; feuilles adultes moyennes, légèrement lobées, glabres, vert gai en dessus, vert pâle en dessous, couvertes de poils raides sur les nervures. Grappe moyenne, souvent ailée. Grains ronds, noirs ; jus un peu acide et astringent.

Le Cornucopia donne un raisin excellent pour la table et pour la cuve. Cette Vigne réussit mieux dans le Centre que dans le Midi.

16. CROTON

Variété obtenue par Underwill, provenant d'un croisement du Delaware avec le Chasselas de Fontainebleau.

Ce cépage a montré jusqu'ici beaucoup de résistance au Phylloxera. Cultivé depuis une dizaine d'années chez M. Champin, il n'a démenti aucune des espérances qu'on en avait d'abord conçues. Souche vigoureuse. Sarments moyens. Feuilles assez grandes. Grappe longue. Grains moyens, jaunâtres ou verdâtres, transparents, à chair fondante et sucrée. Maturité précoce. Le Croton est très fertile. Il donne un vin blanc excellent, riche en alcool, et peut rivaliser avec nos meilleurs vins blancs de France.

17. CYNTHIANA OU NORTON (Fig. 65)

Æstivalis. Espèce sauvage découverte en Virginie par le Dr Lemosey et propagée par le Dr Norton. D'après M. Foëx, il est le principal plant dans le Missouri et la Virginie où on le cultive en grand. Souche assez vigoureuse. Feuilles moyennes, glabres. Grappe moyenne, assez compacte, ordinairement ailée. Grains petits, à chair ferme, peu juteuse, noirs, recouverts d'une belle fleur bleue. Vin exquis, très coloré, d'un parfum délicat, pouvant être mis en ligne avec nos meilleurs vins de Bourgogne. Dans le Midi, le Cynthiana ne réussit que dans les sols colorés en rouge par le fer peroxydé. Ce cépage exige une taille longue.

18. CUNNINGHAM OU LONG (Fig. 66)

Æstivalis. Vigne remarquable par sa rusticité et sa parfaite résistance au Phylloxera. Ce cépage obtenu par

Fig. 65. — Cynthiana.

M. Jacob Cunningham, dans le comté du Prince-
Edward, en Virginie, donne un vin jaune foncé, d'un
goût très agréable et riche en alcool. Souche très vigou-

FIG. 66. — Cunningham.

reuse. Port étalé. Sarments longs, de moyenne grosseur,
très ramifiés. Feuilles moyennes, entières, légèrement
trilobées; dans l'âge adulte, glabres, vert foncé en dessus, vert pâle en dessous et soyeuses sur les nervures.
Grappe moyenne, compacte. Grains petits, sphériques,
d'un noir brun, juteux et vineux. Maturité tardive.

Le Cunningham réussit principalement sur les coteaux

calcaires et sur les pentes exposées au midi. C'est aussi un excellent porte-greffe pour les sols qui ne sont pas trop humides. Sa parfaite résistance aux maladies cryptogamiques le rend précieux pour le climat méditerranéen où il mûrit bien son fruit.

19. DELAWARE (Fig. 67)

Hybride probable du *Labrusca* avec le *Vinifera* Souche vigoureuse. Port presque étalé. Sarments assez courts, peu ramifiés. Mérithalles courts, finement striés. Feuilles d'un vert peu foncé en dessus, d'un vert gai en dessous, munies de bouquets de poils sur les nervures. Grappe petite, serrée. Grains petits, rouge marron ou violacés, peu foxés. D'après M. Millardet, cette Vigne doit être traitée à la taille courte, à cause de sa propension à trop se charger de fruits.

M. Champin apprécie ainsi ce cépage :

« Le Delaware a été, jusqu'à ces derniers temps, le meilleur des raisins de table que nous eût envoyé l'Amérique et presque le seul dont le goût délicat eût trouvé grâce devant les palais français. On a dit qu'il [n'était pas résistant; il a prouvé le contraire. On a dit qu'il n'était pas fertile, et il se charge abondamment de jolis petits raisins d'un rose vif, mûrissant de bonne heure, se conservant longtemps et donnant un excellent vin rose. Son feuillage ressemble à l'Æstivalis, ce qui permet de croire que le Delaware est un hybride de hasard d'Æstivalis; ceci expliquerait ses mérites. »

Fig. 67. — Delaware

20. DIANA

Cette Vigne ressemble beaucoup au Chasselas rouge.
C'est une variété obtenue d'un semis de la Catawba par
Mme Diana Crehore. Souche vigoureuse, parfaitement
résistante, propre aux terrains secs et maigres. Sarments longs. Feuilles moyennes. Grappe moyenne,
compacte. Grains assez gros, sphériques, rouges ou
violacés, à chair juteuse, assez sucrée. Maturité assez
précoce. Ce cépage exige une taille longue; il convient
bien aux coteaux exposés au midi. Son vin, d'abord
ordinaire, prend un bouquet excellent en vieillissant.

21. DOCTEUR ADRIEN SICARD (Fig. 68)

Hybride obtenu dans le champ d'expériences des
Bouches-du-Rhône. On lui a donné le nom du Dr Adrien
Sicard, pour rendre hommage à ce célèbre viticulteur.
M. Marius Olive en fait de grands éloges. D'après ce
praticien éclairé, cette variété doit remplacer avanta-
geusement l'Othello comme producteur direct. Souche
vigoureuse. Sarments moyens. Feuilles moyennes, légèrement chagrinées sur la face supérieure, couvertes de
duvet à la face inférieure. Grappe moyenne, lâche,
ailée. Grains noirs, sphériques, gros, à chair juteuse,
d'un parfum agréable. Maturité précoce. Ce cépage promet beaucoup pour l'avenir.

FIG. 68. — Docteur Adrien Sicard.

22. DUCHESS (FIG. 69)

Variété obtenue par Caywood, provenant d'un croisement du Concord avec le Delaware. Souche vigoureuse.
Sarments très longs, rampants. Feuilles au-dessus de
la moyenne, glabres. Grappe moyenne, compacte, cylindro-conique, légèrement ailée. Grains moyens, sphériques, blancs, à chair très juteuse et douce. Le surnom
de Vigne du pauvre qui a été donné à ce cépage prouve
qu'il est excessivement facile pour les sols maigres;

FIG. 60. — Duchess.

mais avec de légères fumures, il devient plus productif.
Il donne un magnifique raisin de table, et il est probable qu'avec la culture il donnera aussi un bon raisin
pour la cuve. Voici ce que M. John Thomas, pomo-
logue américain très distingué, dit de la Duchess :
« Comme végétation, elle possède une grande vigueur
et une grande rusticité, supportant nos hivers sans en
souffrir. » M le président Wilder dit de cette variété :
« La Duchess est aussi propre à l'exportation que le
Malaga blanc et est de bien meilleure qualité ; je pense
que c'est le commencement de la production des raisins
pour l'exportation. »

Le raisin de la Duchess peut se conserver jusqu'au
printemps. Comme goût et parfum, il peut lutter avec
nos meilleurs raisins de table.

23. ELVIRA

Hybride du Taylor avec le Sphinx. Cépage blanc.
Souche vigoureuse. Port assez étalé. Sarments gros,
assez longs, peu ramifiés. Mérithalles moyens, finement
striés. Jeunes feuilles entières, couvertes d'un tomentum
blanchâtre et caduc ; feuilles adultes grandes, entières,
repliées en entonnoir, vert foncé, hérissées de poils en
dessous. Grappe moyenne, compacte. Grains assez gros,
ronds, verts ou rose clair.

L'Elvira est très résistant au Phylloxera et à toutes
les maladies cryptogamiques. Sa rusticité à supporter
les hivers rigoureux, sa production abondante, son vin
de bonne qualité, pouvant rivaliser avec nos vins du
Rhin, l'eau-de-vie excellente qu'il produit et son bou-

turage facile en font un cépage de premier ordre. Toutefois, pour bien prospérer, il exige un terrain profond,
riche, frais et perméable.

24. EUMÉLAN (Fig. 70)

Hybride d'Æstivalis. Souche assez vigoureuse. Por

Fig. 70. — Eumélan.

étalé. Ecorce se détachant en lanières irrégulières. Sarments moyens, grêles. Mérithalles assez écartés, profondément striés. Jeunes feuilles boursouflées, couvertes de poils aranéeux en dessus ; feuilles adultes entières ou légèrement trilobées, gaufrées, glabres, vert luisant en dessus, munies de petites touffes laineuses en dessous. Grappe moyenne, allongée. Grains gros ou moyens, ronds, noirs ou rouge violacé. Vigne mûrissant de bonne heure, produisant un vin excellent de goût et riche en alcool. Ce cépage est réfractaire aux terrains trop secs.

25. EXCELSIOR

Hybride provenant d'un croisement d'*Iona* avec le *Vinifera*. Cette variété, encore peu répandue, est une des plus fertiles parmi les cépages américains. Souche assez vigoureuse. Feuilles moyennes. Grappe très grosse. Grains gros, rouge pâle, ronds ou presque ovales, doux, vineux, à parfum légèrement musqué. Maturité précoce. Cette Vigne demande une taille courte, à cause de sa tendance à se surcharger de fruits. Sa précocité la rend très propre pour le centre et l'est de la France.

26. GASTON BAZILLE

Ce cépage, appelé aussi Pedroni, est peut-être celui qui résiste le mieux au Phylloxera parmi les plants américains. Souche assez vigoureuse. Port buissonnant. Sarments moyens, grêles. Feuilles petites, glabres sur

FIG. 71. Gœthe

les deux faces. Grappe très petite. Grains petits, à chair pulpeuse et astringente. Maturité précoce. Ce cépage n'est utile que comme porte-greffe.

27. GŒTHE (Fig. 71)

Hybride de Roger no 1. D'après MM. Busch et Messner, cette variété a beaucoup d'analogie avec nos Vignes françaises pour le goût et l'excellent parfum de son fruit. Souche assez vigoureuse, très fertile dans les terrains légers et bien drainés. Feuilles moyennes, à peu près glabres. Grappe moyenne. Grains très gros, oblongs, d'un vert jaunâtre, à chair douce et juteuse. Maturité un peu tardive.

28. GRANA

Vigne rapportée de Montévideo. Sa grande fertilité, son bouturage facile et son accommodement aux différents sols font présager qu'elle réussira parfaitement dans nos départements méridionaux. On la dit très résistante. Souche vigoureuse. Sarments assez longs. Feuilles moyennes. Grappe moyenne. Grains gros, noirs, juteux.

29. HERBEMONT (Fig. 72)

Æstivalis propagé par M. Herbemont et cultivé au sud des États-Unis depuis plus de cent ans. Souche vigoureuse. Port peu étalé. Sarments longs, forts. Mérithalles moyens. Feuilles trilobées ou quinquélobées, d'un vert assez foncé, glabres en dessus, plus pâles et munies de poils raides en dessous. Grappe assez grande, peu serrée. Grains petits, globuleux, d'un noir bleuâtre.

FIG. 72. — Herbemont.

L'Herbemont demande un sol calcaire, pauvre, à l'exposition du midi. Dans un sol riche, il faut le traiter à taille longue. La production abondante de ce cépage l'a fait surnommer sac à vin aux États-Unis. Maturité un peu tardive. Vigne très résistante au Phylloxera et au Mildiou.

30. HERBEMONT D'AURELLES Nº 1 (Fig. 73)

Variété d'Herbemont d'une très grande fertilité,

Fig 73. — Herbemont d'Aurelles nº 1.

obtenue par M. d'Aurelles de Paladines, en Algérie.

Cépage réfractaire à l'Oïdium, à l'Anthracnose et au Mildiou, reprenant facilement de bouture et se mettant facilement à fruit. Comme production, cette Vigne peut rivaliser avec nos cépages les plus fertiles du Midi. Sa végétation vigoureuse nous fait espérer qu'il sera très résistant au Phylloxera. Les grains de cet Herbemont sont très serrés et fortement pruinés. Maturité un peu tardive.

31. HERBEMONT D'AURELLES N° 2

Variété du précédent, à grappes allongées, à grains plus gros; un peu moins productif, mais donnant un vin plus coloré et plus alcoolique. Excellent raisin de table et de cuve.

32. HERBEMONT TOUZAN

M. Millardet, professeur à la Faculté des sciences de Bordeaux, a fait de ce cépage les plus grands éloges. Cette variété d'Herbemont donne un vin très franc de goût. Il résiste admirablement au Phylloxera et à toutes les maladies de la feuille. Grappe très grosse. Grains gros, noirs, fortement pruinés, juteux et fondants. Maturité un peu tardive.

33. HERBEMONT HECKEL (Fig. 74)

Autre variété d'Herbemont obtenue dans le champ d'expérience de Vignes américaines, dans l'arrondissement de Marseille.

Cet hybride donne un grain plus gros que l'Herbemont ordinaire. Il paraît aussi résistant, et tout porte à

Fig. 74. — Herbemont Heckel.

croire qu'il figurera bientôt parmi nos cépages les plus
méritants.

34. HUMBOLDT

Variété obtenue d'un semis de Louisiana par M. F. Mueuch. Son bois et son feuillage font croire qu'elle provient d'un croisement avec le Riparia. Souche très vigoureuse. Sarments assez longs. Feuilles moyennes. Grappe moyenne ou petite. Grains moyens, vert clair, d'un beau rose à la parfaite maturité.

Le Humboldt est d'une fertilité ordinaire. Il produit un vin blanc excellent. Sa facilité à s'accommoder de tous les terrains et son bouturage facile le rendent très précieux. Il résiste très bien au Phylloxera et au Mildiou. On le vante beaucoup comme porte-greffe.

35. HUNTINGDON (Fig. 75)

Hybride de Rupestris avec Riparia. Souche vigoureuse. Port un peu buissonnant. Sarments moyens, courts. Mérithalles courts, à stries larges et assez profondes. Jeunes feuilles couvertes d'un tomentum caduc ; feuilles adultes petites, plus larges que longues, pliées en gouttière. Grappe petite. Grains petits, noirs. Maturité précoce.

La résistance de ce cépage à toutes les maladies parasitaires et sa complaisance pour tous les sols, même les plus secs, en font un plant précieux. Sa floraison tardive et sa maturité précoce le rendent excellent pour le Nord. L'Huntingdon est très fertile et ses boutures reprennent aussi facilement que nos variétés françaises.

Fig. 75 — Huntingdon.

36. IRWING (Fig. 76)

Hybride d'Underhill. Raisin blanc nouveau, de beau-coup d'apparence et d'attrait, obtenu d'un pépin de Concord croisé avec le Frontignan blanc. Grappe grande, ailée, assez serrée. Grain gros, ovale, d'une couleur blanc-jaunâtre, légèrement teintée de rose quand il est très mûr. Chair bien fondante, d'une saveur agréable. Vigne fertile, saine, à végétation vigoureuse, à feuillage grand, épais, duveteux en dessous. Le raisin se conserve bien l'hiver; parfum vineux.

FIG. 76. — Irwing.

37. JACQUEZ (FIG. 77)

Æstivalis regardé comme un hybride produit par un
Æstivalis et un Vinifera. Souche vigoureuse. Port semi-
érigé. Sarments longs. Mérithalles moyens. Feuilles
grandes, glabres, trilobées ou quinquélobées, vert foncé
en dessus, plus ou moins soyeuses en dessous. Grappe

Fig. 77. — Jacquez.

J. Bel, Les Maladies de la Vigne.   13

grande, allongée. Grains petits, globuleux, noir foncé, à chair un peu pulpeuse. Le Jacquez peut être employé comme porte-greffe ou comme producteur direct. Comme porte-greffe, son bois, plus fort que celui du Riparia, permet de le greffer plus tôt ; il a le grand avantage de se souder parfaitement avec nos Vignes françaises.

Comme producteur direct, il donne un vin très foncé, un peu bleuâtre ; mais mélangé avec nos Vignes d'Europe, il les améliore et augmente considérablement leur couleur et leur alcool.

D'après des expériences faites récemment par M. Bouffard, professeur à l'École d'agriculture de Montpellier, il a été reconnu qu'en introduisant de 500 à 700 grammes d'acide tartrique par 1000 kilogrammes de raisin, on donne au vin de Jacquez une belle couleur rouge. Vendangé un peu vert, ce cépage donne aussi un vin d'un plus beau rouge. En mettant 10 pour 100 de Jacquez avec le raisin de nos Vignes, on obtient un vin excellent, franc de goût.

Le Jacquez prospère très bien dans les terrains d'alluvion et dans les sols calcaires ; mais planté dans des sols humides, il souffre considérablement des atteintes du Mildiou. Pour que sa production soit abondante, il faut le traiter à taille longue. On trouve le Phylloxera sur ses racines, mais il ne nuit en rien à sa remarquable végétation.

38. JACQUEZ D'AURELLE N° 1 (FIG. 78)

Par l'hybridation du *Jacquez* avec l'*Herbemont*, M. d'Aurelle de Paladines a obtenu une variété un peu

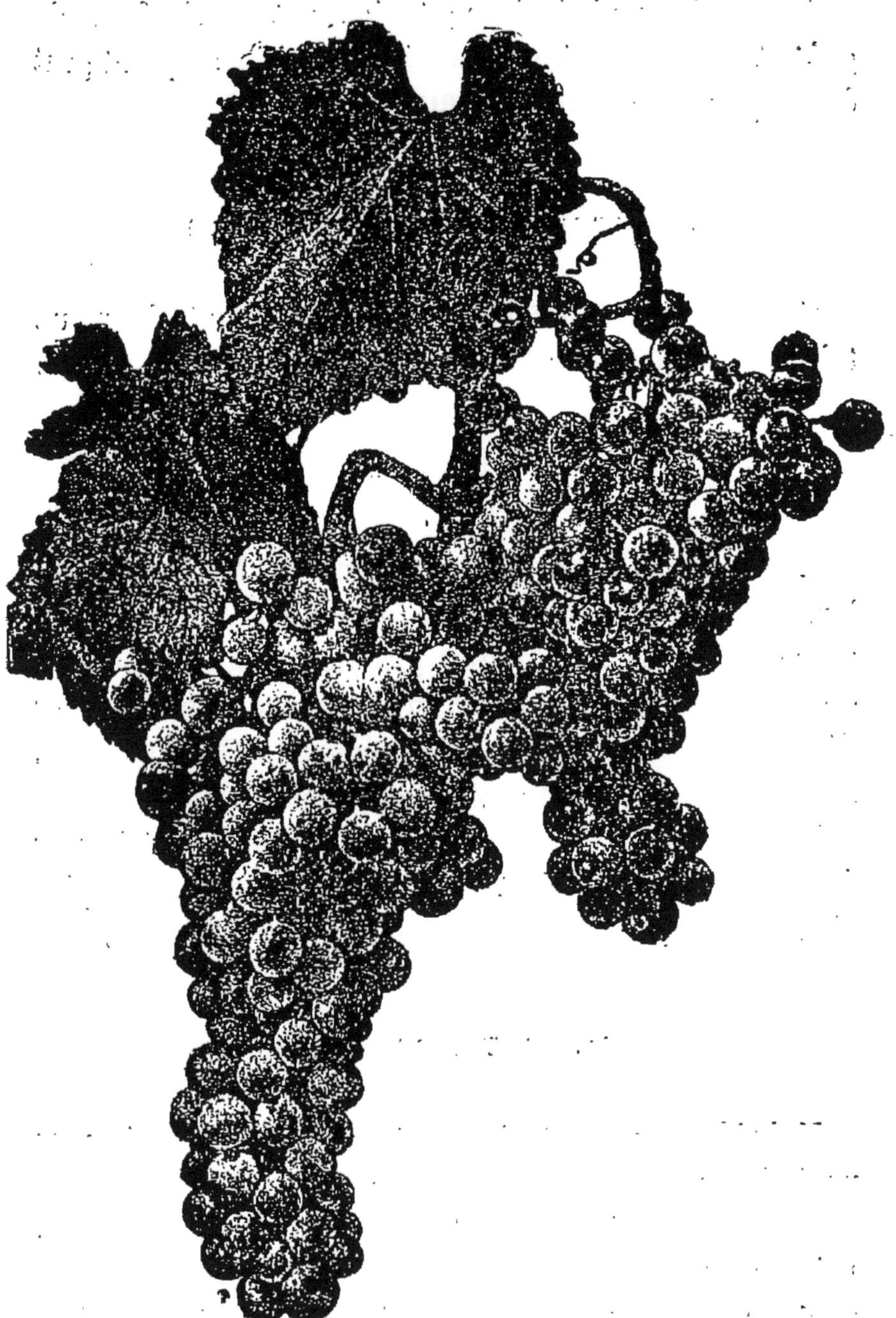

Fig. 78. — Jacquez d'Aurelle nº 1.

moins fertile que l'Herbemont, donnant un vin franc de goût et assez alcoolique. La résistance de ce plant peut être regardée comme certaine.

39. JACQUEZ D'AURELLE N° 2 (Fig. 79)

Ce Jacquez, moins fertile que le précédent, donne un très beau vin, franc de goût, d'un degré plus alcoolique.

40. MARION

Cette nouvelle variété, répandue par M. Samuel Miller, donne un vin rouge très foncé. Souche très vigoureuse. Port étalé. Feuilles grandes, d'un jaune doré, quand elles sont jeunes ; d'un vert foncé et glabres dans l'âge adulte. Grappe moyenne, compacte. Grains moyens, sphériques, noirs, juteux, à chair teintée de rouge.

Le Marion est excellent pour les coupages. Il débourre de bonne heure et mûrit tard. Ce cépage ne prospère bien que dans un terrain ferrugineux et perméable.

41. ONTEFIORE (Fig. 80)

Hybride provenant d'un croisement de *Riparia* avec un *Labrusca*. Souche assez vigoureuse. Feuilles moyennes. Grappe petite, souvent ailée. Grains gros, ronds, noirs. Ce nouveau cépage promet beaucoup comme producteur direct. Sa maturité précoce, son vin excellent et bien coloré, et surtout sa rusticité, en font un plant

FIG 79. — Jacquez d'Aurelle nº 2.

très recommandable. Il prend facilement de bouture, résiste au Phylloxera et à toutes les maladies crypto-

FIG. 80. — Montefiore.

gamiques. Dans la *Vigne américaine*, M. Lespiault dit que le Montefiore est appelé à devenir aussi célèbre que le Jacquez.

42. NOAH (Fig. 81)

Cette Vigne appartient à la famille de l'Elvira. Souche vigoureuse. Port étalé. Sarments longs, grêles. Méri-

Fig. 81. — Noah.

thalles allongés, finement striés. Jeunes feuilles trilobées et couvertes d'un duvet caduc; feuilles adultes grandes, entières, rarement trilobées, vert foncé, glabres et lustrées en dessus, couvertes d'un duvet blanc en dessous.

Grappe grosse. Grains un peu au-dessous de la moyenne, ronds, serrés, vert clair, légèrement foxés. Maturité précoce.

Ce cépage donne un vin blanc excellent, très alcoolique. Il résiste parfaitement au Phylloxera et au Mildiou, et reprend très facilement de bouture. Sa grande production et ses excellentes qualités comme porte-greffe le feront de plus en plus apprécier. Le Noah demande un sol profond, riche, frais, bien perméable.

43. OTHELLO (Fig. 82)

Hybride d'Arnold, obtenu par le croisement d'une Vigne du Canada avec le Frankenthal. Souche vigoureuse. Port semi-érigé. Sarments longs, de grosseur moyenne, cylindriques, assez luisants. Mérithalles striés. Feuilles grandes, glabres. Grappe très grande. Grains gros, presque ronds, juteux, d'un noir violacé, légèrement foxés. Maturité tardive. La résistance de l'Othello au Phylloxera a été souvent mise en doute. Cependant on trouve dans l'Hérault un bon nombre de vignobles déjà âgés où ce cépage prospère très bien. M. Aimé Champin donne de ce cépage la description suivante : « Son feuillage vert foncé, épais et serré, grâce au peu de longueur des mérithalles, les panaches tourmentés qu'il lâche en tous sens, les boutons de ses fleurs qui, avant de s'épanouir, ressemblent à des fraises rouges, les gros raisins à gros grains serrés qui, plus tard, couvrant toutes les branches, forment une masse compacte, d'un noir bleuâtre ; tout cela compose un ensemble vigoureux et agréable à l'œil qu'on n'oublie plus quand on l'a vu une fois.

« Chaque branche porte deux raisins ; il y en a sur les branches adventives, sur les branches à bois, jusque sur les branches gourmandes qui sortent de terre, et le plus difficile est d'en trouver qui n'en aient pas.

FIG. 82. — Othello.

« Raisins gros, ailés, serrés ; grains ronds, légèrement allongés, d'un beau noir très brillant, bien égaux et bien rangés.

« Outre sa vigueur, et l'on pourrait dire malgré l'exubérance de sa végétation ligneuse et foliacée, l'Othello est remarquable par la rapidité de sa mise à fruit. Les plants racinés, dont la plupart portent quelques raisins dès l'année de leur mise en place, se couvrent à la seconde année d'autant de beaux raisins qu'une vieille souche. Il n'est pas difficile sur le choix des terrains; j'en ai dans les sols les plus divers, depuis l'argile compacte jusqu'au sable léger; il est partout vigoureux et fertile, tout en paraissant préférer les terres fortes et fraîches. »

Au congrès de Bordeaux, M. Millardet a fait aussi son éloge.

44. PRENTISS (Fig. 83)

Le Prentiss est un cépage blanc de première qualité.

Fig. 83. — Prentiss.

Son fruit d'un parfum musqué très agréable en fait un
raisin de table excellent. Plusieurs viticulteurs ont
vanté sa grande fertilité et sa parfaite rusticité. Il supporte les plus grands froids. Souche très vigoureuse.
Feuilles moyennes. Grappe moyenne, compacte. Grains
moyens, ronds ou presque ovales, blancs, à chair ju-
téuse, douce, à peau ferme. Maturité assez précoce. Ce
cépage a d'excellentes qualités qui le rendent propre
pour le centre de la France. Il mérite d'être étudié pour
sa résistance au Phylloxera.

45. RIPARIA

Le Riparia est une Vigne sauvage qui atteint un
grand développement. Souche vigoureuse. Port très
étalé. Écorce se détachant en lanières. Sarments longs,
grêles, luisants, rougeâtres ou violacés. Mérithalles
longs, finement striés. Feuilles presque entières, vert
luisant en dessus, munies de poils aranéeux en dessous.

Le Riparia est l'un des cépages les plus résistants au
Phylloxera. Il s'accommode facilement de presque tous
les terrains, sauf l'argile blanche, les terrains crayeux
et les sols trop humides. A cause de sa racine pivotante,
il exige un sol profond. Il se comporte très bien dans
les sols secs et cail:louteux.

A la suite de nombreuses et minutieuses sélections,
on a classé les Riparia d'après les différentes formes des
feuilles, des teintes plus ou moins nuancées des sarments ; mais parmi ce mélange de variétés, quelquefois
bien peu différentes, nous nous contenterons de donner

celles qui se font le plus remarquer par leur vigueur et leur facile adaptation aux principaux sols.

46. RIPARIA GLOIRE DE MONTPELLIER

Parmi les Riparia, la Gloire de Montpellier est un de ceux qui présentent le plus d'avantages. Sa végétation splendide, même sur les coteaux secs et calcaires, en fait un porte-greffe de premier ordre. Ses sarments sont gros et aussi longs que ceux des autres variétés. Ses feuilles sont très grandes, bien vertes, moins pliées en gouttière que celles des autres Riparia. Le surnom de Portalis qui lui a été donné vient de ce qu'il a été découvert par M. Viala, dans une propriété qui porte ce nom. Il est peu sujet à la chlorose, même dans les sols marneux et blanchâtres.

47. RIPARIA GLABRE

Cette variété se distingue des autres Riparia par ses sarments jaunes, ses feuilles vert clair, comme vernissées, son port érigé, et sa parfaite soudure avec le greffon. Il se comporte admirablement dans les sols calcaires et argilo-calcaires.

48. RIPARIA TOMENTEUX

Cette variété prospère très bien dans les sols argileux et paraît ne pas craindre la sécheresse. Elle est carac-

térisée par un duvet végétal sous la feuille, sur les nervures et sur le bois. Ce cépage est moins sujet à la chlorose que les autres Riparia.

49. RIPARIA FABRE

D'après la proposition de M. Marès, président de la
commission supérieure du Phylloxera, le Congrès de
viticulture américaine qui eut lieu à Montpellier, en octobre 1878, pour rendre hommage à la mémoire de
M. Fabre, a décerné le nom de Fabre à cette variété de
Riparia. Elle est caractérisée par son bois glabre et
rouge, sa feuille trilobée, évasée sur le pédicule, glabre
sur la face supérieure, vert clair avec poils raides sur
les nervures de la face inférieure. Ce Riparia est réfractaire aux marnes blanches, mais il prospère admirablement dans les terres un peu sèches.

50. RIPARIA VIOLET

Cette variété très vigoureuse se distingue des autres
Riparia par sa teinte plus foncée. Elle a l'inconvénient
de se montrer plus difficile pour l'adaptation à différents sols.

51. RULANDER (Fig. 84)

Le Rulander, ou Sainte-Geneviève, est un hybride
d'Æstivalis et de Vinifera. Souche vigoureuse. Port

semi-érigé. Sarments de longueur moyenne, cylindriques, très ramifiés. Mérithalles relativement courts, lar-

FIG. 84. — Rulander ou Sainte-Geneviève.

gement striés. Feuilles moyennes, un peu épaisses, d'un
vert foncé à la face supérieure, presque glabres à la face
inférieure. Grappe petite, à pédoncule court. Grains petits

rouge violacé, juteux. Vigne très rustique, de fertilité médiocre, se rachetant par la qualité de son vin rouge pâle ou violacé, alcoolique, d'un bouquet excellent.

Ce cépage réclame un terrain de bonne qualité et une taille longue. Il résiste bien aux maladies de la feuille.

52. RUPESTRIS

Espèce excellente pour les terrains secs, sablonneux ou caillouteux. Souche buissonnante. Port érigé. Feuilles petites, glabres, lisses, pliées en gouttière. Ce cépage reprend facilement de bouture. Son tronc grossit assez rapidement. Toutes nos variétés françaises se soudent parfaitement sur le Rupestris. Ce porte-greffe est tout à fait indemne du Phylloxera.

53. SAINT-SAUVEUR (Fig. 83)

Cet hybride, obtenu par M. Gaston Bazille, tire son nom de la propriété de l'honorable sénateur de l'Hérault. Souche vigoureuse. Port semi-érigé. Tronc fort et gros. Écorce se détachant en lanières étroites. Jeunes feuilles bien découpées, revêtues d'un tomentum léger et araignéeux; feuilles adultes grandes, quinquélobées. Grappe grosse ou très grosse, ailée, compacte. Grains moyens ou gros, ronds, noirs, pruinés à la maturité. Maturité précoce. Cette variété donne un excellent vin de coupage. Elle est réfractaire au Mildiou. Reprend facilement de bouture. Soumise à la taille courte, elle donne

Fig. 85. — Saint-Sauveur.

Fig. 86. — Sécrétary.

de bons résultats; mais dans les sols riches, elle exige une taille longue.

54. SÉCRÉTARY (Fig. 86)

Hybride obtenu par le croisement du *Clinton* avec le *Muscat Hambourg*. Souche assez vigoureuse. Port étalé. Écorce rugueuse. Sarments, courts, grêles, luisants, glabres. Mérithalles courts, finement striés. Feuilles moyennes, glabres en dessus, ternes en dessous. Grappe moyenne, allongée. Grains peu serrés, noir foncé, verts à l'intérieur, à saveur musquée. Variété résistante aux maladies cryptogamiques.

Le Sécrétary mûrit de bonne heure, et se conserve tout l'hiver en gardant son parfum finement musqué. Ce cépage donne un vin excellent. Il est très fertile.

Cette Vigne réussit parfaitement dans les sols argileux.

55. SÉNASQUA (Fig. 87)

Hybride d'Underhill, obtenu par le croisement du *Croton* avec le Black-Prince. Souche vigoureuse. Port étalé. Sarments longs, droits, cylindriques, rugueux. Mérithalles très allongés, à stries larges et régulières. Jeunes feuilles trilobées, garnies en dessous de poils bruns; feuilles adultes larges, quinquélobées, à lobe inférieur en lyre, vert foncé et luisantes en dessus, tomenteuses et blanches en dessous. Grappe grosse ou

moyenne, compacte, quelquefois ailée. Grains assez
gros, très serrés, noir violacé, foxés.

Fig. 87. — Sénasqua.

Le Sénasqua mûrit de bonne heure, donne un vin
assez coloré. Sa reprise très facile de bouture et sa facilité pour les terrains de plaine en font un cépage recom-

mandable. Il exige une taille longue. Dans la vallée du Rhône, il est très apprécié comme producteur direct.

56. SOLONIS

Cette espèce appartient à la famille des Riparia. C'est le porte-greffe par excellence des terrains très humides ou légèrement salés, et des sols tuffeux ou crayeux, mais il redoute les terrains trop secs. Il est très résistant au Phylloxera. Souche vigoureuse. Port étalé. Sarments longs, presque cylindriques, très ramifiés, duveteux aux extrémités. Mérithalles moyens. Feuilles moyennes, entières, cordiformes, quelquefois trilobées, vert foncé et glabres en dessus, plus pâles et ciliées sur les nervures en dessous. Grappe moyenne. Grains petits, noirs. Pour réussir le bouturage de ce plant, il faut faire usage de sarments petits.

57. TAYLOR

Excellent porte-greffe des terrains frais, même argileux. Les sols trop secs ou calcaires lui sont contraires. Souche vigoureuse. Port étalé. Sarments longs. Feuilles assez grandes, entières ou légèrement trilobées, glabres sur les deux faces. Grappe petite. Grains gros, blancs, d'un goût assez agréable.

A Saint-Bénézet, chez Mme la duchesse Fitz-James, il donne, depuis dix ans, des preuves de sa résistance et de son adaptation aux greffes de Vignes françaises.

FIG. 88. — Triumph.

58. TRIUMPH (Fig. 88)

Hybride provenant du *Concord* avec le *Chasselas musqué*. Souche assez vigoureuse. Port étalé. Écorce se détachant en lanières. Sarments longs, grêles, lisses. Mérithalles longs, à cannelures larges. Feuilles moyennes, presque entières, gaufrées, vert foncé en dessus, blanchâtres et couvertes d'un duvet abondant en dessous. Grappe assez grosse ou moyenne. Grains très gros, jaune d'or, presque transparents, d'un goût foxé.

Le Triumph est très fertile et donne les plus belles espérances; mais sa résistance au Phylloxera est encore fort contestée.

59. VIALLA

Obtenu de semis par M. Laliman, de Bordeaux, qui lui a donné le nom de l'honorable président de la Société d'agriculture de l'Hérault. Ce cépage résiste très bien dans les terres légères, mais se comporte mal dans les sols calcaires. Souche vigoureuse. Port étalé. Sarments longs, luisants. Mérithalles assez allongés, finement striés. Feuilles assez grandes, entières, d'un vert foncé. Grappe petite, allongée. Grains serrés, moyens, sphériques, noir foncé, foxés. Le Vialla n'est intéressant que comme porte-greffe. Il réussit très bien dans la Gironde. Son principal mérite réside dans sa facilité au greffage; c'est le cépage américain qui donne les plus belles soudures au greffage sur table.

60. YORK-MADEIRA

Hybride très recommandable comme porte-greffe des terrains secs et cailOouteux. Il réussit partout, sauf dans les sols crayeux. Souche assez vigoureuse. Port étalé. Sarments longs, grêles, rugueux. Mérithalles assez allongés, profondément cannelés. Feuilles entières, cordiformes, bullées. Grappe petite, souvent ailée. Grains petits, globuleux, noir foncé, d'un goût foxé. Le York-Madeira est très résistant au Phylloxera. La lenteur de son développement le rend très bon pour le greffage des Vignes européennes peu vigoureuses.

CHAPITRE II

VIGNES FRANÇAISES

1. ALICANTE (GRENACHE NOIR)

Originaire d'Espagne. C'est ce cépage qui fait en grande partie la réputation des vins liquoreux du Roussillon. Souche très vigoureuse. Feuilles moyennes, glabres et lisses sur les deux faces. Grappe grosse ou moyenne, ailée. Grains moyens, d'un noir peu foncé, à peau fine, à chair molle et très sucrée. Maturité tardive. Le vin de Grenache est surtout recherché à cause de sa richesse alcoolique.

2. ALICANTE-BOUSCHET (Fig. 89)

Hybride du Grenache et du Petit-Bouschet. Souche vigoureuse. Sarments semi-érigés. Mérithalles assez allongés. Feuilles moyennes, entières, orbiculaires, pliées en gouttière, glabres, luisantes, vert foncé en dessus,

FIG. 89. — Alicante-Bouschet.

couvertes de bouquets de poils aranéeux en dessous. Grappe moyenne, non ailée. Grains moyens, sphériques, noirs. Variété assez précoce, très fertile. Sa rusticité, son vin très coloré et suffisamment alcoolique le rendent recommandable aux viticulteurs.

3. ALICANTE-HENRI-BOUSCHET

Souche vigoureuse. Sarments allongés et rampants, jaunes ou jaune vineux. Jeunes feuilles trilobées, vert jaunâtre en dessus, recouvertes d'un tomentum abondant en dessous; feuilles adultes, moyennes, entières, orbiculaires, vert foncé et luisantes en dessus, blanchâtres et recouvertes d'un tomentum aranéeux en dessous. Grappe grosse, ailée. Grains gros, noirs, à jus rouge sang.

Ce cépage est très fertile et assez précoce. Son vin est très coloré et riche en alcool.

4. ALIGOTÉ

L'Aligoté est un cépage de Bourgogne fort recherché pour sa fertilité. Il est un des principaux éléments des vins blancs que l'on envoie dans la capitale. Souche vigoureuse. Sarments assez longs. Feuilles moyennes. Grappe moyenne, cylindro-conique, assez compacte, légèrement ailée. Grains presque moyens, globuleux, d'abord vert clair, puis jaune doré à la maturité qui est très précoce, à chair un peu ferme, très sucrée et très juteuse.

5. ARAMON (Fig. 90)

L'Aramon est l'un des cépages les plus productifs. Souche vigoureuse. Port étalé. Feuilles grandes. Grappe très grosse ou grosse. Grains gros, rouges ou violacé noirâtre, très juteux, à peau fine. Maturité un peu tardive. Cette Vigne donne un vin peu alcoolique dans la plaine ; mais sur les coteaux, il atteint un degré suffisant. Pour la production l'Aramon est le plant par excellence de la France méridionale.

6. ARAMON-TEINTURIER-BOUSCHET

Souche vigoureuse. Port étalé. Jeunes feuilles trilobées, vert gai en dessus, laineuses et blanchâtres en dessous ; feuilles adultes assez grandes, aussi larges que longues, à lobes peu marqués. Grappe grosse, ailée. Grains gros, noir violacé, produisant un vin rouge foncé brillant, pouvant rivaliser, par sa couleur, avec les meilleurs Roussillons. Maturité un peu tardive. Cet Aramon est très fertile ; son plus grand défaut consiste à s'adapter difficilement aux porte-greffe américains. Il pourrait rendre de grands services dans les sables et dans les terrains où la submersion est possible, vu qu'il ne réussit bien que franc de pied.

7. ASPIRAN-BOUSCHET

L'Aspiran-Bouschet donne un vin bien coloré.

A ce point de vue, c'est le meilleur des hybrides Bouschet. Souche vigoureuse. Port étalé. Feuilles grandes, quinquélobées, profondément découpées, aussi larges que longues, vert mat en dessus; couvertes de poils raides sur les nervures en dessous. Grappe assez grosse, lâche. Grains un peu au-dessus de la moyenne, ellipsoïdes, à jus rouge intense. Maturité un peu tardive. Ce cépage résiste assez bien au Mildiou.

8. BEAU BLANC

Cette variété concourt à faire les bons vins blancs de l'Anjou. Souche assez vigoureuse. Sarments peu allongés. Feuilles moyennes. Grappe moyenne, cylindro-conique, peu serrée, ailée. Grains moyens ou assez gros, ellipsoïdes, passant du blanc verdâtre au jaune doré à la maturité, à chair un peu molle, juteuse, sucrée, à peau ferme. Maturité assez précoce.

9. BEQUIGNAOU

Le Bequignaou, cultivé dans la Gironde, ressemble beaucoup au Cabernet par la saveur de son fruit. Il est d'une bonne fertilité dans les terrains assez riches. Souche vigoureuse. Sarments moyens. Feuilles moyen-

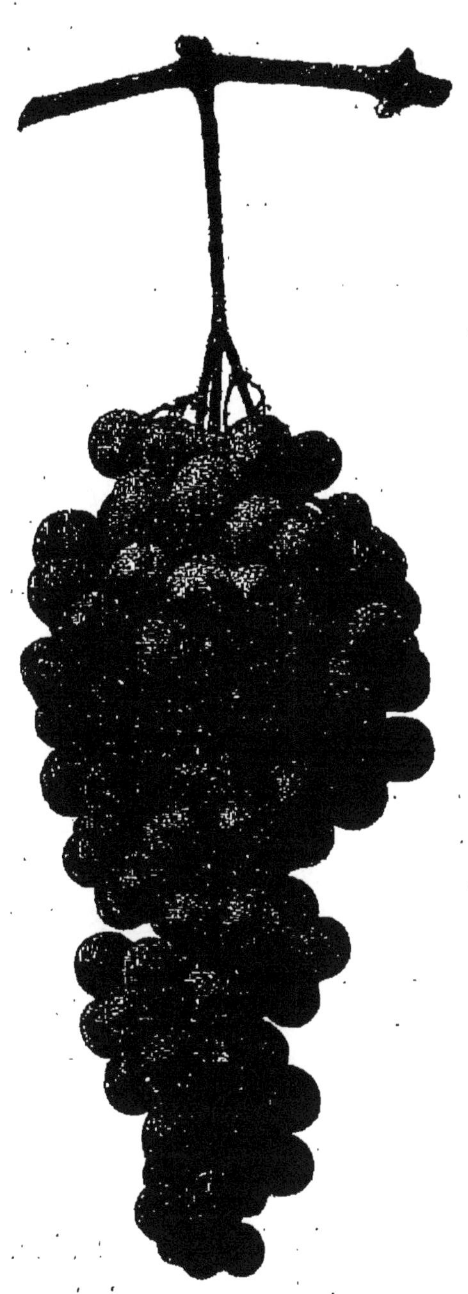

FIG 90. — Aramon.

nes. Grappe assez grosse, légèrement ailée, cylindro-conique, peu serrée. Grains moyens, ellipsoïdes, noir pruiné à la maturité, à chair juteuse et à peau épaisse. Maturité ordinaire.

10. BELLINO (Fig. 91)

Vigne très cultivée dans le Piémont comme raisin de table. Son fruit magnifique et sa facilité pour mûrir en font une excellente variété. Souche vigoureuse. Feuilles très grandes, luisantes. Grappe grosse ou très grosse, cylindro-conique, assez compacte. Grains gros, ellipsoïdes ou presque globuleux, noir pruiné, à chair très juteuse et un peu croquante, à saveur très agréable. Maturité assez précoce.

11. BLANC CARDON

Cépage très répandu dans le Lot-et-Garonne où il est recherché pour sa production abondante et sa maturité asséz précoce. Souche vigoureuse. Sarments moyens. Feuilles moyennes. Grappe moyenne, compacte. Grains blanc verdâtre, jaunâtres à la parfaite maturité, globuleux, à chair molle, juteuse, douce, légèrement acidulée.

12. BICANE

Cépage assez répandu dans la Touraine, produisant un fruit magnifique, mais sans parfum prononcé. Souche vigoureuse. Sarments moyens. Feuilles assez

Fig 91. — Bellino.

grandes. Grappe grosse, rameuse, conique, ailée, assez lâche. Grains très gros, ellipsoïdes, blanc verdâtre, jaune clair à la maturité, à chair ferme, peu sucrée, à peau épaisse. Maturité assez précoce. Cette variété est très sujette à la coulure. On prétend que greffée elle est moins sujette à couler.

13. BOBAL (Fig. 92)

Le Bobal est un cépage espagnol encore peu répandu en France. Souche vigoureuse. Sarments gros. Feuilles assez grandes, glabres. Grappe énorme, pesant quelquefois près de deux kilogrammes, très compacte. Grains gros, à chair légèrement pulpeuse, très juteux, à jus rouge clair. Maturité tardive. Vigne très fertile, excellente pour le climat méditerranéen.

14. BOURGEOIS BLANC

Le Bourgeois blanc, ou Burger blanc, est très cultivé en Alsace, en Allemagne et en Hongrie. Avec le Chasselas, il sert à faire les vins renommés du Rhin. Il est recherché pour la table et pour la cuve. Souche assez vigoureuse. Feuilles moyennes. Grappe moyenne ou petite, cylindrique, assez compacte. Grains moyens, globuleux ou presque globuleux, d'un vert jaunâtre, à chair un peu molle, juteuse, légèrement acidulée, à peau assez mince. Maturité assez précoce.

Fig. 92. — Bobal.

15. BOUTEILLAN NOIR (Fig. 93)

Ce cépage est l'un des plus estimés en Provence. Sa grande production et l'excellente qualité de son vin en font un plant de premier ordre. Souche vigoureuse. Sarments moyens. Feuilles assez grandes, tourmentées, glabres et lisses. Grappe moyenne, compacte. Grains gros, noirs, sphériques, à chair molle, juteuse, sucrée. Maturité un peu tardive.

16. BOUTEILLAN BLANC

Diffère du précédent par sa grappe peu serrée, ailée, et par son grain blanc jaunâtre. Le Bouteillan blanc donne un vin très estimé dans la Vaucluse.

17. BRUNEAU

Le Bruneau est l'un des cépages qui ont fait la réputation des vins si renommés de Cahors. Souche assez vigoureuse. Sarments un peu grêles. Feuilles moyennes. Grappe moyenne ou assez grosse, cylindro-conique, légèrement ailée. Grains moyens, globuleux, d'un beau noir pruiné à la maturité, à chair ferme, très juteuse, légèrement astringente, assez sucrée, à peau fine. Maturité assez précoce.

Il est à présumer qu'on reconstituera les vignobles du Lot avec le Bruneau greffé sur Rupestris.

Fig. 93. — Bouteillan noir.

18. BRUN-FOURCA (Fig. 94).

Cépage répandu dans les Bouches-du-Rhône, le Var et le Gard. Souche assez vigoureuse. Feuilles moyennes, glabres. Grappe un peu au-dessus de la moyenne, souvent ailée, peu serrée, cylindro-conique. Grains assez gros, légèrement ellipsoïdes, d'un beau noir pruiné à la maturité, à chair un peu ferme, juteuse, légèrement astringente, à peau fine. Maturité assez précoce.

Cette variété débourre tard. Elle est très fertile dans les bons terrains.

19. CABERNET FRANC

Cette variété est cultivée dans le Médoc où sa saveur très caractéristique donne un bouquet spécial aux vins de cette région. Souche vigoureuse. Sarments assez longs. Feuilles assez grandes. Grappe un peu au-dessous de la moyenne, cylindro-conique, peu serrée, quelquefois ailée. Grains petits ou moyens, globuleux, d'un beau noir pruiné à la maturité, à chair assez ferme, juteuse, sucrée, légèrement astringente. Maturité assez précoce.

Le Cabernet franc porte aussi le nom de Carmenet, Fer et Véronais.

20. CABERNET-SAUVIGNON

Ce cépage est l'un des plus estimés du Bordelais; il sert à faire le vin de Bordeaux, si justement renommé.

FIG. 94. — Brun-Fourca.

Souche vigoureuse. Sarments assez longs. Feuilles moyennes. Grappe moyenne, peu serrée, cylindro-conique. Grains moyens, globuleux, à chair un peu ferme, juteuse, à peau épaisse.

Le Cabernet-Sauvignon exige une taille longue.

21. CARIGNANE

La Carignane, appelée aussi Carignan, est un des principaux cépages du midi de la France. Souche forte et vigoureuse. Feuilles assez grandes. Grappe grosse. Grains oblongs, noirs.

Quoique sujet aux maladies de la feuille, que l'on combat facilement aujourd'hui, ce cépage est précieux à cause de sa grande production et de l'excellente qualité de son vin.

Son nom de Carignane lui vient de Cariñéna, en Aragon, d'où ce cépage est originaire.

22. CARIGNAN-BOUSCHET (Fig. 95)

Variété très fertile et vigoureuse qui se rapproche de la précédente par sa grappe. Sarments roses ou jaunâtres. Feuilles vert clair, nuancé par de petites taches rousses. Grappe grosse, cylindrique, compacte. Grains ronds, noirs, très juteux. Maturité de l'Aramon.

Le Carignan-Bouschet, résiste très bien aux atteintes du mildiou.

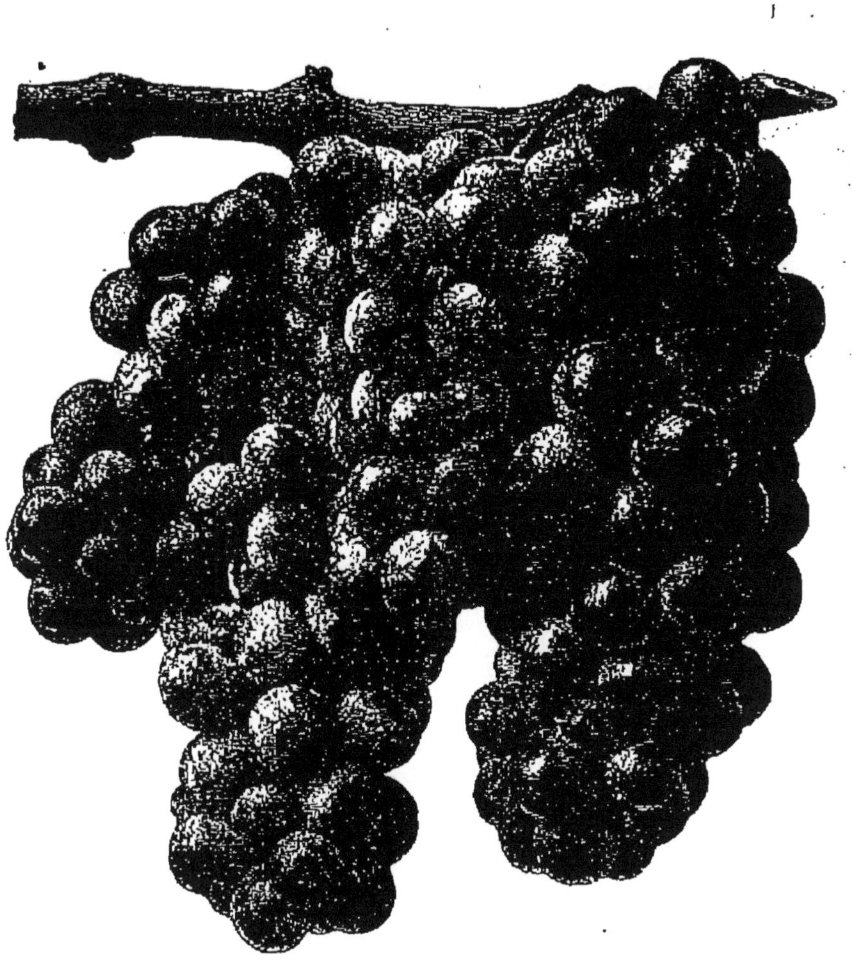

Fig. 95. — Carignan-Bouschet.

Fig. 96. — Castets

23. CASTETS (Fig. 96)

Cet excellent cépage doit son nom à M. Castets, de la Gironde, qui, le premier, l'a cultivé en grand. Vigne robuste, débourrant tard et mûrissant de bonne heure. Sa grande résistance au Mildiou, sa grande fertilité et surtout la qualité supérieure de son vin la rendent très recommandable. Souche robuste. Sarments assez gros, jaunâtres ou roussâtres. Feuilles moyennes, d'un vert clair. Grappe grosse, ailée. Grains moyens, ronds, noirs.

24. CHASSELAS BLANC DE FONTAINEBLEAU (Fig. 97)

Cette variété est le raisin par excellence de la table; mais, dans plusieurs départements, principalement dans le Nord, elle est aussi cultivée pour faire du vin blanc. Souche vigoureuse. Sarments assez longs. Feuilles moyennes, glabres. Grappe allongée, peu serrée. Grains moyens ou assez gros, blancs, ronds, transparents, jaune doré du côté du soleil, à chair croquante, juteux, à saveur très agréable. Maturité précoce. Ce Chasselas est très fertile et donne un fruit très facile à conserver.

Les principales variétés sont :

Le Chasselas violet qui prend une teinte rougeâtre sitôt qu'il est noué;

Le Chasselas doré, ou raisin de Champagne, à grappe grande, à grains gros, d'un jaune d'ambre, un des plus sucrés,

FIG. 97. — Chasselas doré de Fontainebleau.

Le Chasselas musqué, dont l'excellent parfum rappelle le Muscat blanc.

Le Chasselas des Bouches-du-Rhône, variété nouvelle très estimable, obtenue par M. Besson, à grappe grande, à grains gros, très doux. Maturité assez précoce.

25. CINSAUT

Le Cinsaut, appelé Boudalès dans les Pyrénées, et Marocain dans la Haute-Garonne, donne un raisin excellent pour la table et pour la cuve. Souche vigoureuse. Port étalé. Sarments longs. Feuilles moyennes. Grappe grosse, cylindro-conique. Grains gros, ovoïdes, croquants, d'un beau noir pruiné. Ce cépage débourre tard et mûrit assez tôt son fruit. Son vin est assez noir, excellent et fin.

26. CLAIRETTE (Fig. 98)

Souche vigoureuse. Sarments moyens. Feuilles d'un vert foncé à la face supérieure et rendues blanchâtres par un duvet serré à la face inférieure. Grappe moyenne, lâche. Grains ovoïdes, ambrés, moyens ou petits. La Clairette fournit un excellent raisin de table et un très bon vin blanc de longue conservation, connu sous le nom de vin de Cassis.

Une variété voisine, mais plus fertile, est la clairette Mazel.

Fig. 98. — Clairette.

Fig. 99. — Colombaud.

27. COLUMBAUD (Fig. 99)

Cépage blanc, assez résistant au Phylloxera, cultivé en Provence. Souche vigoureuse. Sarments moyens. Feuilles moyennes, glabres. Grappe moyenne, ailée, cylindro-conique, assez serrée. Grains assez gros, ronds ou ellipsoïdes, blanc verdâtre, dorés à la maturité, à chair assez ferme, juteuse, douce, sucrée, à saveur agréable. Le Colombaud mûrit un peu tard.

28. COUNOISE (Fig. 100)

Variété très fertile, excellente pour la cuve et résistant bien aux maladies cryptogamiques. Souche très vigoureuse. Sarments longs et forts. Feuilles très grandes, profondément lobées, légèrement cotonneuses en dessous. Grappe grosse, allongée, ailée. Grains gros, sphériques, noirs, à chair très juteuse. Maturité un peu tardive.

29. ÉTRAIRE DE L'ADHUY

Variété cultivée dans l'Isère. Souche vigoureuse. Sarments assez longs. Feuilles moyennes. Grappe moyenne. Grains ronds. Ce cépage est assez résistant au Phylloxera et aux différentes maladies de la feuille. Il produit un vin clair et astringent qui s'améliore en vieillissant.

L'Étraire de l'Adhuy demande une taille longue dans les terrains riches.

Fig 100. — Counoise.

30. FOLLE BLANCHE

Vigne très cultivée dans les Charentes où elle sert à faire l'excellente eau-de-vie connue sous le nom de Cognac. Sa production abondante et son vin d'un excellent bouquet en font un cépage précieux. Souche vigoureuse. Sarments un peu courts. Mérithalles assez courts. Feuilles moyennes. Grappe grosse, presque cylindrique, compacte. Grains sphériques, d'un vert blanchâtre, prenant une teinte dorée au soleil, à chair juteuse et sucrée.

31. FOLLE NOIRE

Vigne cultivée dans la Dordogne. Souche assez vigoureuse. Sarments moyens. Feuilles assez grandes. Grappe moyenne ou assez grosse, cylindro-conique, légèrement ailée, portée par un pédoncule court et fort. Grains sphéro-ellipsoïdes, assez gros, noir pruiné à la maturité, à chair un peu ferme, juteuse, sucrée, légèrement astringente, à peau un peu épaisse. Maturité assez précoce.

32. FRANKENTHAL

Cépage de la vallée du Rhin, très précieux à cause de sa fertilité. Souche vigoureuse. Sarments assez forts. Feuilles assez grandes. Grappe grosse, courtement cylindro-conique, peu serrée, portée par un pédoncule long. Grains gros ou très gros, globuleux ou sphéro-ellipsoïdes, d'un rouge violacé, passant au noir pruiné à la maturité, à chair assez ferme, juteuse et assez sucrée, à peau épaisse. Maturité assez précoce. Une variété voisine, le Frankenthal précoce, n'en diffère guère que par sa maturité plus précoce.

33. GREDELIN DE VAUCLUSE

Cette variété a beaucoup de ressemblance avec l'Ugni blanc dont elle partage les excellentes qualités. Souche assez vigoureuse. Sarments moyens. Feuilles moyennes. Grappe moyenne, ailée, longuement cylindro-conique, peu serrée. Grains moyens, sphériques, portés par des pédicelles assez longs, blanc jaunâtre, jaune doré et lavé de rose à la parfaite maturité. Ce cépage réussit très bien dans la vallée du Rhône.

34. GAMAY (Fig. 101)

Ce cépage qui porte différents noms est l'un des plus recherchés en Bourgogne. Il est très fertile. Sa précocité le rend propre aux altitudes froides où toute autre Vigne ne saurait prospérer. Il est originaire de Gamay, localité voisine de Beaune. Souche assez vigoureuse. Sarments moyens. Feuilles moyennes, d'un vert foncé, glabres sur les deux faces. Grappe moyenne, souvent cylindrique, ailée, peu serrée, portée par un pédoncule court. Grains moyens, ellipsoïdes, à chair molle, juteuse, sucrée, à peau fine, d'un noir pruiné. Maturité précoce. C'est au Gamay que les vins de Bourgogne et du Beaujolais doivent en grande partie leur renommée.

Fig. 101. — Gamay.

35. GAMAY COUDERC

Hybride de Colombaud par le Rupestris Martin. Souche vigoureuse, très résistante au Phylloxera et au Mildiou. Sarments, gros, courts. Feuilles trilobées, gaufrées au centre. Grappe moyenne ou petite. Grains moyens, ovales, noirs, fondant, à saveur très agréable. Ce cépage, assez fertile peut servir d'excellent porte-greffe.

36. GAMAY D'ORLÉANS

Excellent cépage cultivé dans le Centre. Souche assez vigoureuse. Sarments moyens. Feuilles moyennes. Grappe cylindro-conique, compacte, assez souvent muni d'un grappillon ou nœud pédonculaire, portée par un pédoncule gros et court. Grains petits ou presque moyens, sphériques, d'un noir foncé légèrement pruiné à la parfaite maturité, à chair molle, juteuse et passablement sucrée, à peau mince. Maturité précoce.

37. GAMAY TEINTURIER

Le Gamay teinturier est recherché pour la belle couleur de son vin. Souche assez vigoureuse. Sarments moyens. Feuilles moyennes, prenant une teinte rouge. Grappe cylindro-conique, assez serrée. Grains un peu au-dessous de la moyenne, globuleux, d'abord gris sale, puis noirs, à chair et à jus d'un beau rouge clair. Maturité précoce. C'est surtout comme colorant que ce cépage est recommandable.

38. GAMAY THOMAS

Autre Gamay qui doit son nom à M. Thomas, pépiniériste dans le Puy-de-Dôme. On le croit hybride du

Gros-Rouge et du Gamay. Variété très fertile. Souche vigoureuse. Sarments assez longs, à bois teinté de jaune près des nœuds. Mérithalles éloignés. Grappe grosse, ailée. Grains gros, très juteux.

Le Gamay Thomas, très résistant aux gelées, est excellent pour les pays froids.

39. CRAPPU DE LA DORDOGNE

Cette variété, appelée l'Aramon du Sud-Ouest par M. Pulliat, mérite l'attention des viticulteurs à cause de sa production abondante. Souche vigoureuse. Sarments semi-érigés. Feuilles grandes, d'un beau vert, Grappe grosse, cylindro-conique, ailée. Grains globuleux, noir foncé, à chair molle, assez sucrée. Maturité un peu tardive.

Ce cépage porte aussi les noms de : Picardan noir, Gros-Marty, Gros-Bouchés.

40. GRAND NOIR DE LA CALMETTE (Fig. 102)

Hybride d'Aramon et de Petit-Bouschet. Cette Vigne est certainement l'une des plus fertiles parmi les hybrides Bouschet. Souche vigoureuse. Sarments moyens, semi-érigés. Feuilles grandes. Grappe grosse. Grains moyens, globuleux, noir pruiné, à chair molle et sucrée. Maturité assez précoce.

FIG. 102. — Grand noir de la Calmette.

41. GROS-ROUGE DE MIREFLEURS

Cette variété est aussi appelé Noir-Fleurieu, à cause de la couleur noire de son raisin. Elle est cultivée en grand en Auvergne où elle fait preuve d'une grande résistance au Mildiou. C'est un cépage fertile et précoce. Il est excellent pour les climats froids et s'accommode facilement des différents sols. Souche assez vigoureuse. Feuilles grandes. Grappe grosse. Grains gros, à jus très foncé. Vin très agréable.

42. JURANÇON BLANC

C'est le Jurançon blanc qui produit le vin dont la réputation est due surtout aux éloges qu'en a faits Henri IV. Souche assez vigoureuse. Feuilles moyennes, lisses, glabres, presque orbiculaires. Grappe moyenne, cylindro-conique, compacte. Grains moyens, blancs, globuleux, prenant une teinte dorée à la maturité, à chair molle et juteuse. Maturité assez précoce.

43. MADELEINE ANGEVINE

La Madeleine angevine est un cépage blanc de première précocité. Souche assez vigoureuse. Sarments moyens. Feuilles moyennes, glabres. Grappe assez grosse, cylindro-conique, un peu rameuse, portée par un pédoncule assez long et un peu grêle. Grains moyens ou assez gros, légèrement ovoïdes, passant du vert pâle au jaune doré à la maturité, à chair un peu molle, très juteuse et très sucrée. Ce cépage produit un vin blanc excellent.

44. MALBECK

Le Malbeck est très répandu dans le Sud-Ouest. Il concourt, en partie, à donner aux vins de Bordeaux leur bouquet si fin et si délicat. Souche vigoureuse. Sarments courts. Mérithalles courts. Feuilles assez grandes, larges. Grappe assez grosse, lâche, ailée. Grains gros, sphériques, d'un noir pruiné, sucrés et savoureux. Maturité assez précoce. Ce cépage donne un excellent vin d'un rouge foncé. Il débourre tard et craint beaucoup les gelées tardives. Le Malbeck exige une taille longue pour être très productif.

Cette variété porte aussi les noms de : Côt, de Cahors, de Gros-Noir, de Plant-de-Roi et de Côte-Rouge.

45. MALVOISIE DES PYRÉNÉES-ORIENTALES

Excellent cépage cultivé dans le Roussillon où il concourt à faire des vins blancs très estimés. Souche vigoureuse. Sarments assez longs. Feuilles moyennes. Grappe assez grosse, cylindro-conique, quelquefois ailée. Grains petits ou moyens, ellipsoïdes, passant du vert clair au jaune doré, à chair juteuse, sucrée, d'un goût excellent. Maturité tardive.

46. MALVOISIE ROUSSE DU TARN-ET-GARONNE

Variété assez vigoureuse. Feuilles moyennes. Grappe petite, cylindro-conique, un peu serrée, portée par un pédoncule court et fort. Grains un peu au-dessous de la moyenne, ellipsoïdes, sur des pédicelles courts, passant du vert mat au roux ou au rose à la maturité. Maturité assez précoce.

47. MARSANNE BLANCHE

La Marsanne blanche, appelée aussi Grosse Roussette, est une excellente variété qui sert à faire les vins blancs de l'Ermitage. Souche assez vigoureuse. Sarments moyens. Feuilles grandes, tourmentées. Grappe grosse, rameuse, ailée, cylindro-conique, peu serrée. Grains un peu au-dessus de la moyenne, sphériques, blanc verdâtre, prenant une teinte dorée à la maturité, à chair un peu molle, juteuse, très sucrée. Maturité tardive. Cette Vigne sert à faire le vin mousseux de Saint-Péray, dans le département de l'Ardèche.

48. MAUZAC BLANC

Le Mauzac blanc est un cépage très répandu dans le Sud-Ouest. Souche assez vigoureuse. Sarments moyens. Feuilles moyennes. Grappe sous-moyenne, cylindro-conique, un peu serrée. Grains sous-moyens, sphériques ou ellipsoïdes, blanc verdâtre, jaune doré à la parfaite maturité, à chair assez ferme, bien juteuse et très sucrée. Maturité assez précoce.

Une autre variété, le Grand Mauzac, en diffère surtout par sa grappe plus grosse et plus allongée et par ses grains plus gros.

49. MERLOT

Le Merlot, appelé aussi Plant-Médoc, Vitraille et Crabulet, dans le Bordelais, est un plant de premier ordre. Sa grande fertilité et le bouquet délicieux de son vin le rendent précieux. Souche vigoureuse. Sarments moyens. Feuilles plus larges que longues. Grappe assez grosse, longuement cylindro-conique, un peu rameuse, portée par un long pédoncule. Grains moyens, ronds, d'un beau noir pruiné à la maturité, à chair juteuse, sucrée, à peau mince. Ce cépage débourre tard et mûrit assez tôt. Il exige une taille longue.

50. MESLIER

Variété principalement cultivée dans le nord de la France, à cause de sa grande précocité. Souche assez vigoureuse. Sarments moyens ou petits. Feuilles moyennes. Grappe moyenne ou petite, cylindro-conique, quelquefois légèrement ailée, peu serrée, portée par un pédoncule grêle et assez long. Grains presque moyens, légèrement ellipsoïdes, passant du blanc verdâtre au jaune piqueté de jaune foncé ou roux, à chair juteuse, très sucrée, d'un parfum excellent, à peau fine.

51. MOLARD

Cette Vigne offre le précieux avantage de mûrir son fruit dans les pays un peu froids. Elle réussit très bien dans les vallons et sur les coteaux, dans les Hautes-Alpes et en Savoie. Souche assez rustique. Sarments petits ou moyens. Feuilles moyennes. Grappe moyenne, cylindro-conique, portée par un pédoncule assez fort et de longueur moyenne. Grains moyens ou un peu gros, sphéro-ellipsoïdes, d'un beau noir pruiné à la maturité, à chair assez ferme, sucrée, à peau fine. Maturité assez précoce. Cépage assez fertile, produisant un vin rouge agréable.

52. MOLETTE BLANCHE DE SEYSSEL

Cépage répandu dans la Savoie, produisant un vin blanc assez agréable. Souche vigoureuse. Sarments moyens. Feuilles moyennes. Grappe assez grosse, cylindro-conique, ailée, un peu serrée, portée par un pédoncule court et assez fort. Grains moyens ou assez gros, globuleux ou un peu ellipsoïdes, passant du vert au jaunâtre à la maturité, à chair un peu molle, assez sucrée, à peau un peu épaisse. Maturité ordinaire.

53. MOLETTE NOIRE DE SEYSSEL

Variété très cultivée en Savoie. Souche assez vigoureuse. Sarments moyens. Feuilles assez grandes. Grappe moyenne, peu serrée, portée par un pédoncule grêle et assez long. Grains au-dessus de la moyenne, ellipsoïdes, longuement pédicellés, d'un noir foncé pruiné à la maturité, à chair molle, bien sucrée, d'un goût très agréable. Maturité un peu tardive.

54. MONDEUSE NOIRE

Ce cépage est l'un des plus répandus en Savoie. Sa fertilité et son vin agréable le rendent précieux pour cette région. Souche assez rustique. Sarments assez forts. Feuilles assez grandes. Grappe presque grosse, longuement cylindro-conique, ailée, un peu lâche. Grains moyens, courtement ellipsoïdes, assez longuement pédicellés, rouge foncé ou violacé à la maturité, à chair un peu molle, assez sucrée, légèrement astringente, à peau épaisse. Maturité un peu tardive.

55. MOSCATEO DES PYRÉNÉES-ORIENTALES

Variété assez répandue dans le Roussillon. Souche assez vigoureuse. Sarments moyens. Feuilles moyennes. Grappe moyenne, cylindro-conique, peu serrée, portée par un pédoncule un peu grêle. Grains moyens, sphéro-ellipsoïdes, courtement pédicellés, passant du blanc verdâtre au jaune doré pointillé de brun à la maturité, à chair molle, légèrement filandreuse, très sucrée, d'un parfum finement musqué. Maturité un peu tardive.

56. MUSCAT HAMBOURG

Le Muscat de Hambourg, ou Hambourg musqué, nous vient d'Angleterre. Souche vigoureuse. Sarments assez forts. Feuilles assez grandes. Grappe grosse ou assez grosse, cylindro-conique, ailée, un peu rameuse et un peu lâche, portée par un pédoncule assez long. Grains assez gros, ellipsoïdes, longuement pédicellés, d'un beau noir pruiné à la maturité, à chair assez ferme, bien juteuse, sucrée, à saveur très agréable et finement musquée. Maturité un peu tardive.

57. MORASTEL-BOUSCHET

Le Morastel-Bouschet figure parmi les meilleurs hybrides Bouschet. Souche très vigoureuse. Sarments forts, d'un gris sale. Feuilles grandes, trilobées. Grappe grosse, cylindro-conique. Grains très gros, oblongs ou sphériques, noir violacé, à chair ferme et juteuse. La grande fertilité de ce cépage le classe parmi nos meilleurs plants. Son vin, moins coloré que celui des autres hybrides, est suffisamment rouge. Le Morastel-Bouschet réussit admirablement sur les coteaux médi-terranéens. Chez MM. Bouschet, il a donné jusqu'à 240 hectolitres à l'hectare.

58. MORVÈDRE (ESPAR) (Fig. 103)

Cépage très répandu dans le midi de la France. En plusieurs points, il se rapproche beaucoup du Morastel et de la Carignane dont il partage les excellentes qualités. Souche vigoureuse. Port érigé. Sarments moyens. Feuilles moyennes, d'un vert foncé. Grappe grosse, cylindro-conique, compacte, ailée. Grains assez gros, noirs, sphériques, à chair ferme, bien juteuse, sucrée et à peau épaisse. Cette Vigne produit un excellent vin noir, très riche en tannin. Elle débourre tard et résiste assez bien aux maladies de la feuille.

59. MUSCAT BLANC

Cette variété, désignée aussi sous le nom de Muscat de Frontignan, est assez précoce. Elle sert à faire l'excellent vin Muscat qui a une réputation bien méritée. Souche assez vigoureuse. Sarments moyens. Feuilles moyennes, glabres. Grappe moyenne, presque cylindrique. Grains moyens, ronds, blanc-ambré, très parfumés, à chair ferme, croquante, très sucrée. C'est un de nos meilleurs raisins de table.

60. MUSCADET

Le Muscadet qui porte aussi les noms de : Muscadelle, Muscat doux, Gamay blanc, Feuille ronde, etc., est un des cépages blancs qui entrent dans la composi-

Fig. 103. — Morvèdre.

tion du vin de Sauterne. Il résiste assez au Phylloxera et aux maladies aériennes. Souche vigoureuse. Sarments gros. Mérithalles longs. Feuilles moyennes. Grappe moyenne ou petite, cylindrique, compacte. Grains sphériques, un peu au-dessous de la moyenne, blanc verdâtre, à chair molle, juteuse, légèrement acidulée. Maturité assez précoce.

61. NÉGRET DU TARN

Cépage fertile, produisant un bon vin ordinaire. Souche vigoureuse. Sarments moyens. Feuilles moyennes. Grappe assez grosse ou grosse, ailée, cylindro-conique, portée par un pédoncule de longueur moyenne. Grains un peu au-dessus de la moyenne, ellipsoïdes, fortement pédicellés, d'un beau noir pruiné à la maturité, à chair juteuse, sucrée, et à saveur agréable. Maturité un peu tardive.

62. NOIR DE LORRAINE

Cette variété est très répandue dans l'est de la France. Souche assez vigoureuse. Sarments moyens. Feuilles moyennes. Grappe un peu au-dessus de la moyenne, cylindro-conique, légèrement ailée, portée par un pédoncule long. Grains moyens ou presque moyens, sphéro-ellipsoïdes, longuement pédicellés, passant du rouge foncé au noir pruiné à la maturité, à chair un peu molle et assez sucrée. Maturité ordinaire.

65. NOIREAU

Le Noireau est répandu dans l'Ain, le Rhône et la Haute-Loire. Souche assez vigoureuse. Sarments moyens. Feuilles moyennes, duveteuses à la face inférieure. Grappe moyenne, cylindro-conique, compacte. Grains moyens, sphériques, d'un noir luisant à la maturité, à chair assez ferme, assez sucrée et à saveur agréable. Maturité assez précoce.

64. ŒILLADE DU 1ᵉʳ AOUT

Cette variété est l'une des plus précoces des hybrides Bouschet. Souche très vigoureuse et très fertile. Feuilles assez grandes. Grappe moyenne, très lâche. Grains moyens, arrondis, à chair un peu croquante, très juteuse et très douce. Excellent raisin de table.

65. OSERI DU TARN

Excellent cépage blanc donnant un excellent vin. Souche assez vigoureuse. Sarments peu allongés. Feuilles moyennes. Grappe moyenne, cylindro-conique, un peu lâche, portée par un pédoncule grêle et assez long. Grains moyens, à peu près globuleux, d'un beau jaune doré ou rosé à la maturité, à chair molle, assez sucrée, à peau un peu épaisse. Maturité ordinaire.

66. PASCAL BLANC

Cépage répandu en Provence, très fertile; c'est un des éléments du vin blanc de Cassis. Souche vigoureuse. Sarments assez longs. Feuilles grandes. Grappe grosse, conique, ailée. Grains petits sphériques, blanc jaunâtre, à chair juteuse et douce. Maturité assez précoce.

67. PANSE JAUNE (Fig. 104)

La Panse jaune ou Panse de Provence produit un un excellent raisin de table. Souche assez vigoureuse. Feuilles moyennes. Grappe grosse, cylindro-conique, allongée, rameuse, portée par un long pédoncule. Grains gros, ovoïdes, à chair ferme, juteuse et sucrée, à peau épaisse, d'un blanc jaunâtre à la maturité. Maturité un peu tardive.

68. PANSE PRÉCOCE MUSQUÉE

Excellent cépage de Provence. Souche vigoureuse. Sarments assez longs. Feuilles assez grandes. Grappe assez grosse, cylindro-conique, rameuse, portée par un long pédoncule. Grains gros, ellipsoïdes, longuement pédicellés, passant du blanc verdâtre au jaune clair à la maturité, à chair croquante, sucrée, légèrement mus-quée. Maturité assez tardive.

Fig. 104. — Panse jaune.

69. PASSERILLE A GROS GRAINS

La Passerille à gros grains est un bon cépage, mais
assez sujet à la coulure. Souche vigoureuse. Sarments
assez longs. Feuilles moyennes. Grappe assez grosse, à
pédoncule souvent bifurqué. Grains gros, ellipsoïdes,
assez longuement pédicellés, d'un noir rougeâtre pruiné
à la maturité, à chair ferme, juteuse et bien sucrée,
d'un goût très agréable. Maturité tardive. Cette variété
est cultivée dans le Var où elle produit un bon vin ordinaire.

70. PASSERILLE BLANCHE

Cépage assez répandu dans la vallée du Rhône, et
recherché pour l'excellent vin blanc qu'il produit.
Souche assez vigoureuse. Sarments moyens. Feuilles
moyennes. Grappe grosse ou très grosse, cylindro-
conique, ailée, un peu lâche, portée par un long pédoncule. Grains gros, ovales, assez longuement pédicellés,
passant du blanc verdâtre au jaune doré à la maturité,
à chair ferme, juteuse et bien sucrée. Maturité ordinaire.

71. PETIT-BOUSCHET (Fig. 105)

Hybride d'Aramon et du Teinturier du Cher. C'est de
ce cépage que sont sortis tous les hybrides Bouschet. Il
est certainement un des meilleurs de cette collection.
Souche vigoureuse. Sarments allongés. Feuilles moyen-

FIG. 105. — Petit-Bouschet.

nes, plus longues que larges, quinquélobées, à face
supérieure glabre, à nervures violacées ou rouge sang,
à face inférieure couverte d'un duvet aranéeux. Grappe
grosse, cylindro-conique, ailée, un peu lâche. Grains
de grosseur moyenne, sphériques, d'un noir foncé, à jus
rouge foncé. Cette variété débourre tard et mûrit assez
tôt. Dans les bons terrains, elle produit jusqu'à 150 hectolitres à l'hectare.

72. PINEAU BLANC CHARDONNAY

Variété de premier ordre pour la Bourgogne. Souche
vigoureuse. Sarments moyens. Feuilles moyennes.
Grappe petite, cylindro-conique, courte, assez compacte,
portée par un pédoncule fort et court. Grains petits,
sphériques, passant du vert clair au jaune doré à la
maturité qui est assez précoce, à chair ferme et juteuse.
Ce cépage répandu dans le Mâconnais produit un vin
blanc excellent.

73. PINEAU NOIR

Le Pineau est le cépage par excellence de la Bourgogne. Avec le Gamay noir, il concourt à faire ces vins
fins qui ont rendu les Pomard, les Chambertin, les Clos-
Vougeot et les Mâcon si célèbres. Cette variété est assez
résistante aux maladies aériennes. Souche assez vigoureuse. Sarments moyens. Feuilles moyennes. Grappe
moyenne, cylindro-conique ou conique, ailée, peu ser-

rée, portée par un pédoncule court. Grains moyens, sphériques ou sphéro-ellipsoïdes, à pédicelles courts et assez forts, d'un noir pruiné à la maturité, à chair molle et sucrée, à peau fine. Maturité précoce.

74. PIQUEPOUL BLANC (Fig. 106)

Cépage très répandu dans le Languedoc et la Gascogne. C'est avec son vin que l'on fait l'eau-de-vie d'Armagnac. Souche vigoureuse. Sarments moyens, érigés. Feuilles moyennes. Grappe moyenne, ailée. Grains petits, un peu ovoïdes, blancs, très juteux, à chair douce. Cette Vigne donne un excellent vin blanc. Elle débourre tard et mûrit de bonne heure.

75. PIQUEPOUL NOIR

Cépage très répandu dans le Languedoc où il produit un vin rouge ordinaire de bonne qualité. Souche vigoureuse. Sarments assez longs. Feuilles moyennes. Grappe moyenne ou assez grosse, cylindro-conique, ailée, portée par un pédoncule assez fort et de longueur moyenne. Grains ovoïdes, d'un beau noir pruiné à la maturité, à chair juteuse, bien sucrée, d'une saveur très agréable. Maturité tardive.

Fig. 106. — Piquepoul blanc.

76. ROMAIN OU CÉSAR

Variété de l'Yonne, recommandable pour sa fertilité et son bon vin rouge ordinaire. Souche vigoureuse. Sarments moyens. Feuilles moyennes. Grappe un peu au-dessus de la moyenne, peu serrée, cylindro-conique, portée par un pédoncule fort et assez long. Grains moyens, sphériques, d'un beau noir pruiné à la maturité, à chair un peu molle, juteuse et assez sucrée. Maturité assez précoce.

77. PORTUGAIS BLEU (Fig. 107)

Vigne nouvellement introduite en France, et cultivée en grand en Autriche où elle donne les meilleurs résultats. Son débourrement tardif, sa grande précocité et sa production abondante la classent parmi nos meilleurs cépages. Son vin est excellent, alcoolique, d'un beau rouge vif. Souche vigoureuse. Sarments assez gros. Mérithalles allongés. Feuilles grandes, à face supérieure glabre, à face inférieure munie de quelques poils sur les nervures. Grappe moyenne, ailée, assez compacte, cylindro-conique. Grains moyens, sphériques, d'un noir bleuâtre, à chair juteuse, sucrée, à saveur douce et agréable. Ce cépage est un peu sujet à l'Anthracnose. Il résiste assez au Mildiou. Le Portugais bleu s'adapte facilement à tous les porte-greffe américains.

Fig. 107. — Portugais bleu.

78. ROUSSANNE

La Roussanne est l'un des bons cépages blancs de la vallée du Rhône. Elle constitue un des éléments des vins de l'Ermitage. Malheureusement, le Phylloxera l'a détruite en grande partie, et on ne peut la conserver que greffée sur les cépages américains. Souche assez vigoureuse. Sarments moyens. Feuilles moyennes. Grappe moyenne, cylindro-conique, un peu serrée, portée par un pédoncule assez fort. Grains moyens, à peu près globuleux, courtement pédicellés, d'un blanc verdâtre passant au jaune doré, roussâtres à la parfaite maturité, à chair assez ferme, très juteuse, sucrée, d'un arome excellent. Maturité un peu tardive.

79. SAUVIGNON JAUNE

Le Sauvignon jaune est l'un des bons cépages qui servent à faire le vin blanc de Sauterne. Souche vigoureuse. Sarments moyens. Feuilles moyennes. Grappe petite ou presque moyenne, courtement cylindro-conique, assez serrée, portée par un pédoncule court. Grains moyens, un peu ellipsoïdes, assez longuement pédicellés, d'un blanc verdâtre teinté de jaune à la maturité, à chair assez ferme, très juteuse, bien sucrée et bien parfumée. Maturité assez précoce.

80. SÉMILLON BLANC (SAUTERNE)

D'après M. Foëx, directeur de l'École nationale
d'agriculture de Montpellier, le Sémillon doit être considéré comme un de nos cépages blancs les plus distingués. Il unit la finesse à la production abondante. Avec
le Sauvignon et la Muscadelle, il sert à faire les vins
blancs si renommés de Sauterne. Souche vigoureuse.
Sarments moyens. Feuilles assez grandes, glabres.
Grappe moyenne, cylindro-conique. Grains moyens,
ovoïdes ou sphériques, à chair juteuse et bien sucrée,
à saveur fine. Maturité assez précoce. Ce cépage résiste
assez bien au Mildiou.

81. TERRET-BOUSCHET (Fig. 108)

Cet hybride est précieux pour son débourrement tardif et sa fertilité qui égale quelquefois celle de l'Aramon.
Souche assez vigoureuse. Sarments moyens. Feuilles
cordiformes, à lobes peu marqués, à face supérieure vert
foncé, à face inférieure légèrement tomenteuse. Grappe
grosse, ailée, presque lâche. Grains assez gros, oblongs,
très noirs, à jus abondant et rouge vineux. Cette variété
mûrit un peu avant l'Aramon. Son vin rouge foncé peut
lutter avec les plus beaux vins de coupage. Il est un peu
vert lorsque la Vigne est jeune, parce que la jeune souche ne saurait mûrir tout son fruit; ce défaut ne tarde
pas à disparaître avec l'âge, et son degré alcoolique
augmente à mesure que les souches vieillissent.

FIG. 108. — Terret-Bouschet.

Fig. 109. — Terret-Bourret blanc.

82. TERRET-BOURRET BLANC (Fig. 109)

Le Terret–Bourret blanc est un cépage précieux pour son débourrement tardif et sa fertilité. Souche assez vigoureuse. Sarments moyens. Feuilles moyennes. Grappe grosse, cylindro-conique. Grains moyens, ronds, à chair ferme, juteuse et sucrée. Maturité tardive.

Cette variété très recommandable donne un vin incolore, sans saveur particulière; mais mélangée avec le Mauzac, la Clairette ou le Piquepoul blanc, elle produit un vin excellent.

83. TERRET-BOURRET NOIR (Fig. 110)

Cette variété est très répandue dans nos départements méridionaux. Sa grande production et l'excellence de son vin la rendent très recommandable. Son fruit est excellent pour la table et pour la cuve. Souche vigoureuse. Sarments assez longs. Feuilles moyennes. Grappe grosse, cylindro-conique, portée par un pédoncule fort et assez long. Grains moyens ou assez gros, sphéro-ellipsoïdes, noirs, violacés ou roses, à chair ferme, bien juteuse, sucrée, d'un goût agréable. Maturité tardive.

Ce cépage est surtout remarquable par sa grande facilité à se mettre à fruit.

Fig. 110. — Terret-l'ourret noir.

84. TERRET EXTRA-FERTILE

Vigne nouvelle qui diffère des précédentes par sa
vigueur et sa très grande fertilité. Souche vigoureuse.
Sarments assez gros. Feuilles moyennes. Grappe grosse,
peu serrée. Grains moyens, ronds, noir pruiné à la maturité. Maturité tardive. Ce cépage produit un raisin
excellent pour la table et pour la cuve.

85. UGNI BLANC (Fig. 111)

Cépage très répandu en Provence où il produit un
vin excellent. On le cultive en Toscane sous le nom
de Trebbiano. Souche vigoureuse. Sarments moyens.
Feuilles moyennes. Grappe grosse, ailée. Grains un peu
au-dessous de la moyenne, blancs ou verdâtres, d'un
beau jaune à la maturité, à chair juteuse et bien sucrée.
Mélangé à la cuve aux raisins colorés, ce raisin active
la fermentation. Maturité ordinaire. L'Ugni blanc résiste
assez bien aux maladies de la feuille.

On cultive aussi l'Ugni rose qui ne diffère de cette
variété que par ses grappes roses et son vin de même couleur.

86. VERDESSE MUSQUÉE

Cette variété, appelée aussi simplement Verdesse,
tire son nom de son raisin blanc verdâtre qui prend une
teinte jaunâtre ou roussâtre à la maturité. C'est un

FIG. 111. — Ugni blanc.

excellent cépage, produisant un vin blanc très agréable. Souche assez vigoureuse. Sarments assez longs. Feuilles moyennes. Grappe moyenne ou petite, cylindro-conique, peu serrée, longuement pédonculée. Grains moyens ou sous-moyens, ellipsoïdes, assez longuement pédicellés, à chair assez ferme, bien juteuse et bien sucrée, à peau épaisse.

87. VERDET CHALOSSE

Cépage assez répandu dans le Languedoc, d'une fertilité moyenne et d'une maturité un peu tardive. Souche assez vigoureuse. Sarments assez longs. Feuilles moyennes. Grappe moyenne, cylindro-conique, ailée, serrée. Grains moyens, globuleux, courtement pédicellés, d'un vert teinté de jaune à la maturité, à chair un peu molle, assez sucrée et légèrement acidulée.

FIN

TABLE ALPHABÉTIQUE DES CÉPAGES

TABLE ALPHABÉTIQUE DES CÉPAGES

FIN DE LA TABLE ALPHABÉTIQUE DES CÉPAGES

TABLE DES MATIÈRES

DEUXIÈME PARTIE

LES TERRAINS FAVORABLES A LA CULTURE DE LA VIGNE

TROISIÈME PARTIE

LES PRINCIPAUX CÉPAGES

FIN DE LA TABLE DES MATIÈRES

LYON. — IMPRIMERIE PITRAT AÎNÉ, RUE GENTIL, 4.

BASTIDE (E.). *Les vins sophistiqués*. Procédés simples pour reconnaître les sophistications les plus usuelles, coloration artificielle, plâtrage, salycilage, vinage, mouillage, etc., 1 vol. in-16, de 160 p., avec figures *(Petite bibliothèque scientifique)*. . . . . 2 fr.

BERGERON (J.) ET WURTZ. *Des vins fuchsinés*, in-8, 29 p. 1 fr. 25

BUCHARD. *Les constructions agricoles et l'architecture rurale*. 1 vol. in-16, avec 80 figures, cartonné. . . . .

CAZENEUVE (P.). *La coloration des vins par les couleurs de la houille*. Méthodes analytiques et marche systématique pour reconnaître la nature de la coloration, 1 vol. in-16 de 324 p., 1 pl. *(Bibliothèque scientifique contemporaine)*. . . . . 3 fr. 50

BREHM. *Les merveilles de la nature: l'homme et les animaux*. Description populaire des races humaines et du règne animal, caractères, mœurs, instincts, habitudes et régime, chasses, combats, captivité, domesticité, acclimatation, usage et produits, 9 vol. gr. in-8, avec 6000 fig. et 176 pl. sur papier teinté. . . . . 99 fr.

Chaque volume séparément broché. . . . . 11 fr.

Les races humaines et les mammifères, 2 vol. — Les oiseaux, 2 vol. — Les reptiles et les batraciens, 1 vol. — Les poissons et les crustacés, 1 vol. — Les insectes, 2 vol. — Les vers, les mollusques, 1 vol.

DONNADIEU (A.-L.). *Les véritables origines de la question phylloxerique*, 1887, gr. in-8, 16 p. . . . . 1 fr.

FERVILLE (E.). *L'industrie laitière: le lait, le beurre et le fromage*, 1 vol. in-16 de 350 p., avec 50 fig., cart. *(Bibliothèque des connaissances utiles)*. . . . . 4 fr.

GARNIER (L.). *Ferments et fermentations*. Étude biologique des ferments, rôle des fermentations dans la nature et l'industrie. 1 vol. in-16 de 318 p., avec 65 fig. *(Biblioth. scientifique contempor.)* 3 fr. 50

GUETTE (G.). *La fuchsine*, 1882, in-12, 60 p.. . . . . . . 1 fr. 25

LARBALETRIER. *L'alcool* au point de vue chimique, agricole, industriel, hygiénique et fiscal, 1888, 1 vol. in-16, de 350 p., avec 50 fig. *(Bibliothèque scientifique contemporaine)*. . . . . . . 3 fr. 50

LE CANU (R.). *Le soufrage des vignes*, 1861, in-18, 36 p. . . 50 c.

SAPORTA (A. DE). *La chimie des vins*. Vins naturels et vins falsifiés, 1889, 1 vol in-16 de 160 p., avec fig. . . . . 2 fr.

SAPORTA (A. DE). *Les théories et les notations de la chimie moderne*. Introduction par FRIEDEL, membre de l'Institut, 1888, 1 vol. in-16 de 335 p., avec fig. *(Biblioth. scientifique contemp.)*. 3 fr. 50

SOUBEIRAN. *Nouveau dictionnaire des falsifications et des altérations des aliments, des médicaments et de quelques produits employés dans les arts*, l'industrie et l'économie domestique; exposé des moyens scientifiques et pratiques d'en reconnaître le degré de pureté, l'état de conservation, de constater les fraudes dont ils sont l'objet, 1 vol. gr. in-8 de 640 p., avec 218 fig., cart. . . . . 14 fr.

ZABOROWSKI. *Les boissons hygiéniques*, 1889, 1 vol. in-16 de 160 p., figures. . . . . 2 fr.

TRAITÉ DE BOTANIQUE AGRICOLE ET INDUSTRIELLE

Par J. VESQUE

Docteur ès sciences, Lauréat de l'Institut. Maître de Conférences à la Faculté
des sciences et à l'Institut national agronomique de Paris.

1 vol. in-8 de XVI-976 pages, avec 599 figures intercalées dans le texte
cartonné en toile, tranches rouges. . . . . 18 fr.

Ouvrage honoré d'une souscription du ministère de l'Agriculture.

Chargé des leçons de botanique à l'Institut agronomique, depuis la fondation de
cet établissement national en 1875, M. Vesque a désiré compléter l'enseignement
vivant par un livre renfermant la description succinte des familles et des genres,
et l'énumération des produits d'origine végétale qui sont devenus l'objet d'un
commerce important.

Les Graminées si intéressantes pour le cultivateur, ont été traitées avec un
un soin particulier.

M. Vesque montre que la culture des plantes ne consiste pas à produire un
maximum de masse végétale ; que la nature des plantes, les espèces qui peuplent
nos prairies, les semences confiées au sol, doivent préoccuper autant que la nature
du sol et les engrais à employer. En permettant au cultivateur de distinguer les
bonnes et les mauvaises herbes, le *Traité de botanique agricole et industrielle*
lui rendra de réels services.

ÉLÉMENTS DE BOTANIQUE AGRICOLE

PAR

E. SCHRIBAUX et **J. NANOT**

Diplômé de l'enseignement supérieur
de l'agriculture
en mission d'études agricoles à l'étranger.

Répétiteur à l'Institut national agronomique
Professeur à l'École d'arboriculture
de la ville de Paris.

Un vol. in-18 de 328 pages, avec 260 figures intercalées dans le texte
et 3 planches coloriées. Prix : 7 francs.

BROCCHI (P.). *Traité de zoologie agricole* comprenant la pisciculture,
l'ostréiculture, l'apiculture et la sériciculture, 1886, 1 vol. gr. in-8 de
984 pages, avec 603 fig., cart. . . . . 18 fr.

GIRARD (MAURICE). *Les insectes. Traité élémentaire d'entomologie,*
comprenant l'histoire des espèces utiles et de leurs produits, des espèces
nuisibles et des moyens de les détruire, l'étude des métamorphoses et
des mœurs, les procédés de chasse et de conservation, 3 vol. in-8 d'environ 900 pages chacun et 1 atlas de 118 planches, gravées en taille-
douce, figures noires. . . . . 100 fr.

Le même, figures coloriées. . . . . 170 fr.

OLIVE (MARIUS). *Catalogue descriptif des principales variétés de
vignes américaines,* françaises et franco-américaines cultivées dans le
vignoble de Creissaud (Bouches-du-Rhône), 1889, in-8 avec 72 gra-
vures. . . . . 2 fr. 50

—— Supplément contenant la description de nouvelles variétés, 1890,
in-8. . . . . 1 fr.

BIBLIOTHÈQUE SCIENTIFIQUE CONTEMPORAINE

A 3 FR. 50 LE VOLUME

Nouvelle collection de volumes in-16, comprenant 300 à 400 pages,
imprimés en caractères elzéviriens et illustrés de figures intercalées dans le texte.

75 Volumes sont publiés

La *Bibliothèque scientifique contemporaine*, d'un format commode et d'un prix modique, s'adresse à tous ceux qui, désireux de ne pas rester étrangers au mouvement scientifique de leur époque, n'ont ni le temps ni la facilité de recourir aux sources.

Les questions d'actualité sont présentées avec des développements en rapport avec leur importance, et débarrassées des formules techniques; les nouvelles découvertes et les nouvelles applications de la science sont exposées à mesure qu'elles se produisent; les recherches originales sont vulgarisées par leurs auteurs.

Ménager le temps du lecteur, et lui présenter ce qu'il a besoin de connaître sous une forme condensée et attrayante, tel est le but que se proposent les auteurs qui ont promis leur concours à cette œuvre de vulgarisation.

Il n'est publié que des livres originaux, par des auteurs écrivant en langue française.

Parmi les plus illustres représentants de la science, qui concourent à la rédaction de la *Bibliothèque scientifique contemporaine*, nous citerons : MM. de Quatrefages, Albert Gaudry, Claude Bernard, de l'Institut et du Muséum, M. Fouqué, de l'Institut et du Collège de France; MM. Duclaux, de l'Institut, Dastre et Velain, de la Faculté des sciences; MM. Ed. Perrier et B. Renault, du Muséum; MM. Brouardel, A. Gautier (de l'Institut), et E. Bouchut, de la Faculté de médecine; M. Houssay, de l'École normale supérieure; M. G. Planté, lauréat de l'Institut; MM. Bouant et Maurice Girard, de l'Enseignement secondaire; M. Foville, inspecteur des établissements de bienfaisance; M. de Baye, de la Société des antiquaires de France; M. Knab, de l'École centrale; MM. Riant, Galezowsky, Moreau (de Tours), etc.

Paris n'est pas seul à fournir à la *Bibliothèque* ses collaborateurs. Au nombre des savants qui lui prêtent le concours de leur talent, nous citerons : MM. Beaunis, A. Charpentier, Bleicher, Léon Garnier, Schmitt et Vuillemin, de la Faculté de Nancy; M. Azam, de la *Faculté* de Bordeaux; MM. Cazeneuve, Loret, Max Simon et Couvreur, de la Faculté de Lyon; MM. Marion, Jourdan et Heckel, de la Faculté de Marseille; MM. Moniez, Debierre, de la Faculté de Lille; MM. Imbert, et A. de Saporta, de la Faculté de Montpellier; M. Girod, de la Faculté de Clermont-Ferrand; MM. Bourru et Burot, de l'École de Rochefort; M. Lefèvre, de l'École de Nantes; M. de Saporta, correspondant de l'Institut, à Aix; M. Cotteau, correspondant de l'Institut, à Auxerre; M. de Folin, à Biarritz; M. Cullerre, à la Roche-sur-Yon; M. Ferry de la Bellone, à Apt; M. Gadeau de Kerville, à Rouen; M. Barthélemy, directeur du service de santé de la marine, à Brest; MM. Ravenez et Kopff, médecins-majors de l'armée; M. Montillot, directeur de télégraphie militaire, etc.

En Belgique et en Suisse, M. Léon Fredericq, de l'Université de Liége; M. Dollo, aide-naturaliste au Muséum de Bruxelles; M. Herzen, de l'Académie de Lausanne.

Dans le cadre de cette *Bibliothèque* sont comprises toutes les sciences physiques, chimiques, naturelles et médicales.

Parmi les sujets traités, nous signalerons :

En astronomie et en météorologie : *la Prévision du temps, les Phénomènes électriques de l'atmosphère, les Merveilles du ciel.*

En physique : *le Microscope, la Lumière et les Couleurs, les Anomalies de la vision.*

En chimie : *le Lait, la Coloration des vins, les Ferments et les fermentations, les Théories et Notations de la Chimie moderne.*

En applications industrielles des sciences : *la Photographie, la Galvanoplastie et l'Électro-métallurgie, la Navigation aérienne, la Télégraphie moderne.*

En agriculture : *la Truffe, les Abeilles, l'Alcool.*

En minéralogie et en géologie : *les Tremblements de terre, les Vosges, les Minéraux utiles, les Volcans, les Glaciers.*

En paléontologie : *les Ancêtres de nos animaux, les Plantes fossiles, l'Origine des arbres cultivés.*

En anthropologie et en archéologie : *les Pygmées, l'Homme avant l'histoire, le Préhistorique en Europe, l'Archéologie préhistorique, l'Égypte au temps des Pharaons.*

En zoologie : *le Transformisme, Sous les mers, les Parasites, les Laboratoires de zoologie marine, la Famille et les Sociétés chez les animaux, les Industries animales, la Lutte pour l'existence chez les animaux marins, les Animaux lumineux, le Monde des oiseaux, les Sens chez les animaux inférieurs.*

En botanique : *la Biologie végétale, la Vie des champignons, la Géographie botanique, la Vigne et le raisin.*

En physiologie : *Magnétisme et hypnotisme, le Somnambulisme provoqué, Double conscience et altérations de la personnalité, le Cerveau et l'Activité cérébrale, la Suggestion mentale, le Monde des rêves, les Variations de la personnalité.*

En hygiène : *Nervosisme et névroses, le Cuivre et le Plomb, les Nouvelles Institutions de bienfaisance, Hygiène des orateurs, Hygiène de la vue.*

En médecine : *le Secret médical, Microbes et maladies, la Folie chez les enfants, Fous et Bouffons, les Frontières de la folie.*

ENVOI FRANCO CONTRE UN MANDAT POSTAL

GÉOLOGIE, MINÉRALOGIE, PALÉONTOLOGIE

LES VOSGES

LE SOL ET LES HABITANTS; GÉOGRAPHIE PHYSIQUE,
GÉOLOGIE, MÉTÉOROLOGIE,
CLIMATOLOGIE, FLORE, FAUNE, ARCHÉOLOGIE PRÉHISTORIQUE,
ANTHROPOLOGIE ETHNOGRAPHIE

Par G. BLEICHER

Docteur ès sciences, professeur d'histoire naturelle à l'École de Nancy.

1 vol. in-16, de 320 pages, avec 28 figures. . . . . . 3 fr. 50

LES ANCÊTRES DE NOS ANIMAUX

DANS LES TEMPS GÉOLOGIQUES

Par Albert GAUDRY

Membre de l'Institut, Professeur au Muséum d'histoire naturelle

1 vol. in-16, avec 49 figures. . . . . 3 fr. 50

LES PLANTES FOSSILES

Par B. RENAULT

Aide-naturaliste au Muséum, Lauréat de l'Institut.

1 vol. in-16 de 400 pages avec 53 figures. . . . . . 3 fr. 50

ORIGINE PALÉONTOLOGIQUE DES ARBRES CULTIVÉS

OU UTILISÉS PAR L'HOMME

Par G. de SAPORTA

Correspondant de l'Institut.

1 vol. in-16, avec 44 figures. . . . . 3 fr. 50

LES TREMBLEMENTS DE TERRE

Par FOUQUÉ

Membre de l'Institut. Professeur au Collège de France.

1 vol. in-16, avec 16 figures. . . . . 3 fr. 50

MINÉRAUX UTILES ET EXPLOITATION DES MINES

Par Louis KNAB

Ingénieur, répétiteur à l'École centrale des Arts et manufactures.

1 vol. in-16, de 392 pages, avec 74 figures. . . . . 3 fr. 50

ENVOI FRANCO CONTRE UN MANDAT POSTAL

ANTHROPOLOGIE ET ARCHÉOLOGIE

LE PRÉHISTORIQUE EN EUROPE

CONGRÈS, MUSÉES, EXCURSIONS

Par G. COTTEAU

1 vol. in-16, avec 87 figures. . . . . 3 fr. 50

LES PYGMÉES

LES PYGMÉES DES ANCIENS, LES NÉGRITOS
ET LES NÉGRILLES, LES HOTTENTOTS ET LES BOSCHIMANS

Par A. de QUATREFAGES

Membre de l'Institut, Professeur au Muséum

1 vol. in-16, de 350 pages, avec 31 figures. . . . . . 3 fr. 50

ARCHÉOLOGIE PRÉHISTORIQUE

Par le baron J. de BAYE

1 vol. in-16 de 340 pages, avec 51 figures. . . . . . 3 fr. 50

L'HOMME AVANT L'HISTOIRE

Par Charles DEBIERRE

Professeur à la Faculté de Lille.

1 vol. in-16, avec 84 figures. . . . . 3 fr. 50

L'ÉGYPTE AU TEMPS DES PHARAONS

LA VIE, LA SCIENCE ET L'ART

Par Victor LORET

Maître de conférences à la Faculté de Lyon.

1 vol. in-16, avec 18 figures. . . . . 3 fr. 50

ENVOI FRANCO CONTRE UN MANDAT POSTAL

ZOOLOGIE

LE MONDE DES OISEAUX
SCÈNES D'APRÈS NATURE
Par le baron d'HAMONVILLE

1 vol. in-16, avec figures. . . . . 3 fr. 50

LES INDUSTRIES DES ANIMAUX
Par Fréd. HOUSSAY
Maître de conférences à l'École normale

1 vol. in-16, avec 50 figures. . . . . 3 fr. 50

LA LUTTE POUR L'EXISTENCE
CHEZ LES ANIMAUX MARINS
Par L. FREDERICQ
Professeur de physiologie à l'Université de Liége

1 vol. in-16, avec 37 figures. . . . . 3 fr. 50

LE TRANSFORMISME
Par Edmond PÉRIER
Professeur au Muséum.

1 vol. in-16, avec 87 figures. . . . . 3 fr. 50

LES VÉGÉTAUX ET LES ANIMAUX LUMINEUX
Par H. GADEAU de KERVILLE

1 vol. in-16, avec 50 figures. . . . . 3 fr. 50

ENVOI FRANCO CONTRE UN MANDAT POSTAL

LES SENS CHEZ LES ANIMAUX INFÉRIEURS

Par E. JOURDAN

Professeur à la Faculté de Marseille.

1 vol. in-16, avec 50 figures. . . . . 3 fr. 50

LES SCIENCES NATURELLES

ET LES PROBLÈMES QU'ELLES FONT SURGIR

Par Th. HUXLEY

Membre de la Société royale de Londres

1 vol. in-16 de 503 pages. . . . . 3 fr. 50

SOUS LES MERS

CAMPAGNES D'EXPLORATIONS SOUS-MARINES

Par le marquis de FOLIN

1 vol. in-16, avec 45 figures. . . . . 3 fr. 50

LES PARASITES DE L'HOMME

ANIMAUX ET VÉGÉTAUX

Par R.-L. MONIEZ

Professeur à la Faculté de Lille.

1 vol. in-16, avec 72 figures. . . . . 3 fr. 50

LES ABEILLES

ORGANES ET FONCTIONS, ÉDUCATION ET PRODUITS, MIEL ET CIRE

Par Maurice GIRARD

Docteur ès sciences naturelles,

Deuxième édition.

1 vol. in-16, avec 30 figures et 1 planche coloriée. . . 3 fr. 50

ENVOI FRANCO CONTRE UN MANDAT POSTAL

BOTANIQUE ET AGRICULTURE

LA BIOLOGIE VÉGÉTALE
Par P. VUILLEMIN
Chef des travaux d'histoire naturelle à la Faculté de Nancy.
1 vol. in-16 de 380 pages, avec 83 figures. . . . . . 3 fr. 50

LA TRUFFE
ÉTUDE SUR LES TRUFFES ET LES TRUFFIÈRES
Par le docteur FERRY de la BELLONE
1 vol. in-16, avec 21 figures et 1 eau-forte. . . . . . 3 fr. 50

LA VIGNE ET LE RAISIN
HISTOIRE BOTANIQUE ET CHIMIQUE, EFFETS PHYSIOLOGIQUES ET THÉRAPEUTIQUES
Par le docteur HERPIN
1 vol. in-16, de 362 pages. . . . . 3 fr. 50

ASTRONOMIE ET MÉTÉOROLOGIE

PHÉNOMÈNES ÉLECTRIQUES DE L'ATMOSPHÈRE
Par G. PLANTÉ
Lauréat de l'Institut.
1 vol. in-16, avec 50 figures. . . . . 3 fr. 50

LA PRÉVISION DU TEMPS
ET LES PRÉDICTIONS MÉTÉRÉOLOGIQUES
Par G. DALLET
1 vol. in-16 de 336 pages, avec 39 figures. . . . . . . 3 fr. 50

LES MERVEILLES DU CIEL
Par G. DALLET
1 vol. in-16 de 372 pages, avec 74 figures. . . . . 3 fr. 50

ENVOI FRANCO CONTRE UN MANDAT POSTAL

CHIMIE

LE LAIT
ÉTUDES CHIMIQUES ET MICROBIOLOGIQUES
Par DUCLAUX
Professeur à la Faculté des sciences de Paris.

1 vol. in-16 de 336 pages, avec figures. . . . . 3 fr. 60

LES THÉORIES ET LES NOTATIONS DE LA CHIMIE
MODERNE
Par Antoine de SAPORTA
Introduction par **C. FRIEDEL**, membre de l'Institut

1 vol. in-16. . . . . 3 fr. 50

LA COLORATION DES VINS
PAR LES COULEURS DE LA HOUILLE. MÉTHODES ANALYTIQUES ET MARCHE SYSTÉMATIQUE
POUR RECONNAITRE LA NATURE DE LA COLORATION
Par P. CAZENEUVE
Professeur à la Faculté de Lyon.

1 vol. in-16, avec 1 planche. . . . . 3 fr. 50

FERMENTS ET FERMENTATIONS
ÉTUDE BIOLOGIQUE DES FERMENTS. ROLE DES FERMENTATIONS DANS LA NATURE ET DANS L'INDUSTRIE
Par Léon GARNIER
Professeur à la Faculté de Nancy.

1 vol. in-16, avec 65 figures. . . . . 3 fr. 50

L'ALCOOL
AU POINT DE VUE CHIMIQUE, AGRICOLE, INDUSTRIEL, HYGIÉNIQUE ET FISCAL
Par A. LARBALETRIER
Professeur à l'École d'Agriculture du Pas-de-Calais.

1 vol. in-16, avec 62 figures. . . . . 3 fr. 50

ENVOI FRANCO CONTRE UN MANDAT POSTAL

PHYSIQUE

LE MICROSCOPE
ET SES APPLICATIONS A L'ÉTUDE DES ANIMAUX ET DES VÉGÉTAUX
Par Ed. COUVREUR
Chef des Travaux de physiologie à la Faculté des Sciences de Lyon.
1 vol. in-16, avec 112 figures. . . . . 3 fr. 50

LA LUMIÈRE ET LES COULEURS
AU POINT DE VUE PHYSIOLOGIQUE
Par Aug. CHARPENTIER
Professeur à la Faculté de Nancy.
1 vol. in-16, avec 22 figures. . . . . 3 fr. 50

LES ANOMALIES DE LA VISION
Par IMBERT
Professeur à la Faculté de Montpellier
Introduction par **E. JAVAL**, membre de l'Académie de médecine.
1 vol. in-16 de 363 pages, avec 48 figures. . . . . . 3 fr. 50

LES COULEURS
AU POINT DE VUE PHYSIQUE, PHYSIOLOGIQUE, ARTISTIQUE ET INDUSTRIEL
Par E. BRUCKE
Professeur à l'Université de Vienne.
1 vol. gr. in-8 de 344 pages avec, 46 figures. . . . 3 fr. 50

ART MILITAIRE

L'ARTILLERIE ACTUELLE
EN FRANCE ET A L'ÉTRANGER, CANONS, FUSILS, POUDRES ET PROJECTILES
Par le Colonel GUN
1 vol. in-16, avec 96 figures. . . . . 3 fr. 50

L'ÉLECTRICITÉ
APPLIQUÉE A L'ART MILITAIRE
Par le Colonel GUN
1 vol. in-16, avec figures. . . . . 3 fr. 50

ENVOI FRANCO CONTRE UN MANDAT POSTAL.

INDUSTRIE

LA LUMIÈRE ÉLECTRIQUE
GÉNÉRATEURS, FOYERS, DISTRIBUTION, APPLICATIONS
Par L. MONTILLOT
Directeur de télégraphie militaire.

1 vol. in-16 de 406 pages, avec 190 figures. . . . . . 3 fr. 50

LA PHOTOGRAPHIE
ET SES APPLICATIONS AUX SCIENCES, AUX ARTS ET A L'INDUSTRIE
Par Julien LEFÉVRE
Professeur à l'École des sciences

1 vol. in-16, avec 93 figures et 3 photographies. . . . 3 fr. 50

LA GALVANOPLASTIE
LE NICKELAGE, LA DORURE, L'ARGENTURE
T L'ÉLECTRO-MÉTALLURGIE
Par E. BOUANT
Agrégé des Sciences physiques

1 vol. in-16, avec 34 figures. . . . . 8 fr. 50

LA NAVIGATION AÉRIENNE
ET LES BALLONS DIRIGEABLES
Par H. de GRAFFIGNY

1 vol. in-16 de 344 pages, avec 43 figures. . . . . . 3 fr. 50

LA TÉLÉGRAPHIE ACTUELLE
EN FRANCE ET A L'ÉTRANGER
LIGNES, RÉSEAUX, APPAREILS, TÉLÉPHONES
Par L. MONTILLOT
Directeur de Télégraphie militaire.

1 vol. in-16 de 334 pages, avec 131 figures. . . . . . 3 fr. 50

ENVOI FRANCO CONTRE UN MANDAT POSTAL

PHYSIOLOGIE

L'ÉVOLUTION DU SYSTÈME NERVEUX

Par H. BEAUNIS

Professeur de physiologie à la Faculté de Nancy.

1 vol. in-16, avec 60 figures. . . . . 3 fr. 50

LA SCIENCE EXPÉRIMENTALE

Par Claude BERNARD

Membre de l'Institut.

1 vol. in-16 de 449 pages, avec 19 figures. . . . . . 3 fr. 50

MAGNÉTISME ET HYPNOTISME

EXPOSÉ DES PHÉNOMÈNES OBSERVÉS PENDANT LE SOMMEIL NERVEUX PROVOQUÉ
AVEC UN RÉSUMÉ HISTORIQUE DU MAGNÉTISME ANIMAL

Par le docteur A. CULLERRE

1 vol. in-16 de 358 pages, avec 28 figures. . . . . . 3 fr. 50

HYPNOTISME, DOUBLE CONSCIENCE

ET ALTÉRATIONS DE LA PERSONNALITÉ

Par le docteur AZAM

Professeur à la Faculté de médecine de Bordeaux

1 vol. in-16, avec figures. . . . . 3 fr. 50

VARIATIONS DE LA PERSONNALITÉ

Par les docteurs H. BOURRU et P. BUROT

Professeurs à l'École de médecine de Rochefort.

1 vol. in-16, avec 15 photogravures. . . . . 3 fr. 50

LA SUGGESTION MENTALE

ET L'ACTION A DISTANCE DES SUBSTANCES TOXIQUES ET MÉDICAMENTEUSES

Par les docteurs H. BOURRU et P. BUROT

Professeurs à l'École de médecine de Rochefort.

1 vol. in-16, avec 10 photogravures. . . . . 3 fr. 50

ENVOI FRANCO CONTRE UN MANDAT POSTAL

LE SOMNAMBULISME PROVOQUÉ
ÉTUDES PHYSIOLOGIQUES ET PSYCHOLOGIQUES
Par H. BEAUNIS
Professeur à la Faculté de Nancy.

1 vol. in-16, avec figures. . . . . 3 fr. 50

LE CERVEAU ET L'ACTIVITÉ CÉRÉBRALE
AU POINT DE VUE PSYCHO-PHYSIOLOGIQUE
Par A. HERZEN
Professeur à l'Académie de Lausanne.

1 vol. in-16. . . . . 3 fr. 50

LE MONDE DES RÊVES
LE RÊVE, L'HALLUCINATION, LE SOMNAMBULISME ET L'HYPNOTISME, L'ILLUSION, LES PARADIS ARTIFICIELS, LE RAGLE, LE CERVEAU ET LE RÊVE
Par le docteur P. Max SIMON
Médecin de l'Asile public des aliénés de Lyon

1 vol. in-16, de 325 pages. . . . . 3 fr. 50

LA VIE ET SES ATTRIBUTS
DANS LEUR RAPPORT AVEC LA PHILOSOPHIE ET LA MÉDECINE
Par E. BOUCHUT
Professeur agrégé à la Faculté de Paris.

1 vol. in 16, de 444 pages. . . . . 3 fr. 50

LE GÉNIE, LA RAISON ET LA FOLIE
LE DÉMON DE SOCRATE, APPLICATION DE LA SCIENCE PSYCHOLOGIQUE A L'HISTOIRE
Par L.-F. LELUT
Membre de l'Institut.

1 vol in-16, de 348 pages. . . . . 3 fr. 50

ENVOI FRANCO CONTRE UN MANDAT POSTAL

HYGIÈNE

LES EXERCICES DU CORPS
ET LE DÉVELOPPEMENT DE LA FORCE ET DE L'ADRESSE
Par E. COUVREUR
Chef des travaux de Physiologie à la Faculté des sciences de Lyon
1 vol. in-16. avec 75 figures. . . . . 3 fr. 50

L'HYGIÈNE A L'ÉCOLE
PÉDAGOGIE SCIENTIFIQUE
Par le Docteur A. COLLINEAU
Professeur aux cours normaux de la Société pour l'instruction élémentaire.
1 vol. in-16 de 314 pages avec 50 figures. . . . . . 3 fr. 50

LE SURMENAGE INTELLECTUEL
ET LES EXERCICES PHYSIQUES
Par le docteur A. RIANT
Professeur d'hygiène à l'École normale de la Seine
1 vol. in-16 de 320 pages. . . . . 3 fr. 50

LA VIE DU SOLDAT
AU POINT DE VUE DE L'HYGIÈNE
Par le docteur RAVENEZ
Médecin-major à l'École de Saumur
1 vol. in-16 de 375 pages, avec 55 figures. . . . . . 3 fr. 50

NERVOSISME ET NÉVROSES
HYGIÈNE DES ÉNERVÉS ET DES NÉVROPATHES
Par le docteur CULLERRE
1 vol. in-16, de 352 pages. . . . . 3 fr. 50

LES NOUVELLES INSTITUTIONS DE BIENFAISANCE
LES DISPENSAIRES POUR ENFANTS MALADES, L'HOSPICE RURAL
Par le docteur A. FOVILLE
1 vol. in-16, avec 10 planches. . . . . 3 fr. 50

HYGIÈNE DE LA VUE
Par les docteurs X. GALEZOWSKY et KOPFF
1 vol. in-16 de 328 pages, avec 44 figures. . . . . . 3 fr. 50

ENVOI FRANCO CONTRE UN MANDAT POSTAL

L'ALCOOLISME

DANGERS ET INCONVÉNIENTS POUR LES INDIVIDUS, LA FAMILLE ET LA SOCIÉTÉ
MOYENS DE MODÉRER LES RAVAGES DE L'IVROGNERIE

Par le Docteur BERGERET

1 vol. in-16 de 380 pages. . . . . 3 fr. 50

LE CUIVRE ET LE PLOMB

DANS L'ALIMENTATION ET L'INDUSTRIE, AU POINT DE VUE DE L'HYGIÈNE

Par A. GAUTIER

Professeur à la Faculté de médecine de Paris

1 vol. in-16. . . . . 3 fr. 50

L'EXAMEN DE LA VISION

DEVANT LES CONSEILS DE REVISION ET DE RÉFORME DANS LA MARINE ET DANS L'ARMÉE
ET DEVANT LES COMMISSIONS DE CHEMIN DE FER

Par le docteur BARTHÉLEMY

Directeur du service de Santé de la marine à Brest.

1 vol. in-16, avec 17 figures et 3 planches coloriées. . 3 fr. 50

LA GOUTTE ET LES RHUMATISMES

PAR LES DOCTEURS

J.-H. RÉVEILLÉ-PARISE et   **Ed. CARRIÈRE**
Membre de l'Académie de médecine.   Lauréat de l'Institut.

1 vol. in-16. . . . . 3 fr. 50

HYGIÈNE DE L'ESPRIT

PHYSIOLOGIE ET HYGIÈNE DES HOMMES LIVRÉS AUX TRAVAUX INTELLECTUELS

PAR LES DOCTEURS

J.-H. RÉVEILLÉ-PARISE et   **Ed. CARRIÈRE**
Membre de l'Académie de médecine   Lauréat de l'Institut.

1 vol. in-16 de 435 pages. . . . . 3 fr. 50

HYGIÈNE DES GENS DU MONDE

Par Al. DONNÉ

1 vol. in-16 de 448 pages. . . . . 3 fr. 50

HYGIÈNE DES ORATEURS

HOMMES POLITIQUES, MAGISTRATS, AVOCATS, PRÉDICATEURS, PROFESSEURS,
ARTISTES, ET DE TOUS CEUX QUI SONT APPELÉS A PARLER EN PUBLIC

Par le docteur RIANT

1 vol. in-16. . . . . 3 fr. 50

ENVOI FRANCO CONTRE UN MANDAT POSTAL

MÉDECINE

LE SECRET MÉDICAL
Par P. BROUARDEL
Doyen de la Faculté de médecine de Paris.

1 vol. in-16. . . . . 3 fr 50

LES FRONTIÈRES DE LA FOLIE
Par le docteur CULLERRE

1 vol. in-16 de 360 pages. . . . . 3 fr. 50

LES IRRESPONSABLES
DEVANT LA JUSTICE
Par le Docteur A. RIANT

1 vol. in-16. . . . . : . . 3 fr. 50

MICROBES ET MALADIES
Par le Docteur J. SCHMITT
Professeur agrégé à la Faculté de Nancy

1 vol. in-16, avec 24 figures. . . . . 3 fr. 50

LA FOLIE CHEZ LES ENFANTS
Par le Docteur Paul MOREAU (de Tours).

1 vol. in-16. . . . . 3 fr. 50

FOUS ET BOUFFONS
ÉTUDE PHYSIOLOGIQUE, PSYCHOLOGIQUE ET HISTORIQUE
Par le docteur Paul MOREAU (de Tours)
Deuxième édition

1 vol. in-16 de 414 pages. . . . . 3 fr. 50

LES PANSEMENTS MODERNES
LE PANSEMENT OUATÉ ET SON APPLICATION A LA THÉRAPEUTIQUE CHIRURGICALE
Par le Docteur Al. GUÉRIN
Ancien Président de l'Académie de médecine

1 vol. in-16 de 392 pages, avec figures. . . . . . 3 fr. 50

ENVOI FRANCO CONTRE UN MANDAT POSTAL

OPINION DE LA PRESSE

Les applications de la science, sinon la science elle-même, se renouvellent et se multiplient aujourd'hui si rapidement, que la publication d'une nouvelle bibliothèque scientifique était assurée de répondre à un besoin véritable. C'est dans cette pensée que MM. J.-B. Baillière et fils ont entrepris la publication de la *Bibliothèque scientifique contemporaine*. D'un format commode et d'un prix modique, elle s'adresse à tous ceux qui, désireux de ne pas rester étrangers au mouvement scientifique de leur époque, n'ont ni le temps ni la facilité de courir aux sources.

On craint toujours dans une publication de ce genre que, pour mieux vulgariser, on ne sacrifie quelque peu l'exactitude et la précision scientifiques. Nous avons été très heureusement surpris en parcourant les volumes déjà parus de cette collection, de voir que cette crainte n'était nullement justifiée. Ces petits livres sont beaucoup mieux que des œuvres de vulgarisation dans le sens ordinaire du mot; ce sont de vrais traités scientifiques, souvent originaux, sérieusement écrits et que les hommes d'étude consulteront souvent avec fruit.

(Cosmos. Rev. des sc. et de leurs appl., 27 octobre 1888.

Quand les savants qui ont travaillé à faire avancer la science veulent bien travailler aussi à la répandre, ils se montrent généralement des vulgarisateurs hors ligne, par cette raison que pour vulgariser il faut connaître à fond, et qu'on ne connaît bien les difficultés d'un sujet que lorsqu'on s'est efforcé de les résoudre. Les personnes qui s'intéressent aux progrès de la science, comme les savants de profession, auront donc plaisir et profit à la lecture des volumes de la *Bibliothèque scientifique contemporaine :* les premières y trouveront de la science sérieuse sous une forme lucide et élégante qui fait de ces livres non seulement des œuvres de vulgarisation, mais encore et plutôt des œuvres d'initiation à des méthodes et à des recherches dont ils développent le goût et la curiosité ; et les savants aussi aimeront à revoir, avec l'expression même que leur a donnée leur auteur, les théories qui leur sont familières, et à retrouver, à côté des faits acquis de la science fixée, toutes les prévisions de la science pressentie que l'avenir devra plus tard justifier.   (*Revue scientifique.*)

Les sciences ont fait de rapides progrès. Les savants n'ont pas besoin qu'on leur décrive ce mouvement, qui est leur œuvre ; mais les gens du monde, les personnes à l'esprit cultivé ne sauraient le contempler avec indifférence. C'est dans le but de mettre à leur portée les dernières acquisitions de la science que la librairie J.-B. Baillière et Fils a fondé la *Bibliothèque scientifique contemporaine:* en quelques pages d'une lecture facile, les hommes spéciaux y exposent les questions nouvelles, à la solution desquelles ils ont contribué.   (*Revue des Deux Mondes.*)

Les gens du monde sont gens heureux, chacun s'empresse à leur faciliter l'accès des sciences qui resteraient lettre close pour eux, si toujours ne se rencontraient écrivains et éditeurs désireux de récolter leurs suffrages. La *Bibliothèque scientifique contemporaine* est la preuve de ce fait. Nous suivons avec intérêt son développement, car nous sommes de ceux qui pensent que la science ne perd pas à être vulgarisée, et que, lorsque ses admirateurs seront plus nombreux, la haute culture à laquelle chaque nation doit tendre n'en sera que plus certaine. (*Moniteur scient.*)

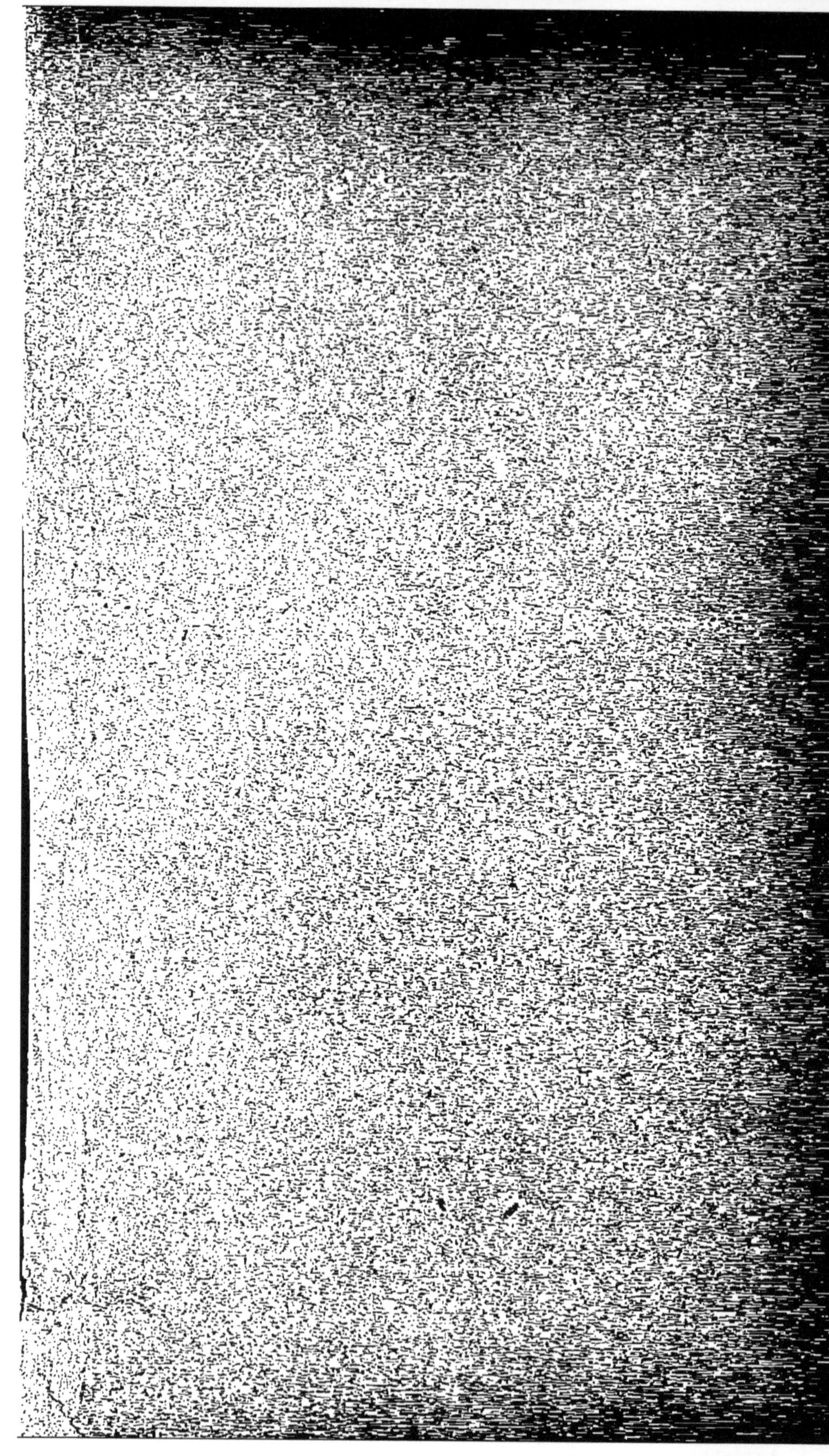